小学生C++

趣味编程

（上册）

潘洪波　编著

清华大学出版社

北京

内 容 简 介

一本难度适当、易学易教的教材是开展小学信息学教学的重要一环。本书选取 80 多个贴近小学生学习生活的例子，结合小学生的认知规律，激发孩子兴趣，以程序为中心，适当地弱化语法。本书利用流程图理清思路，并提供多种算法实现举一反三，让小学生在学习 C++ 语言编程的过程中，学会运用计算思维解决问题。本书循序渐进、层层铺垫地依次呈现各个知识点，深入浅出，让学生在探索中体会到编程的乐趣和魅力。

本书适合小学四年级及以上学生阅读使用，可作为小学生信息学竞赛、"蓝桥"杯等青少年编程大赛培训教材，也可作为 CCF 非专业级软件能力论证（CSP）的入门教材，还可作为信息科技教师学习 C++ 语言的参考读物。

图书在版编目（CIP）数据

小学生 C++ 趣味编程 / 潘洪波编著 . —北京：清华大学出版社，2017（2024.10重印）
ISBN 978-7-302-47820-1

Ⅰ.①小⋯　Ⅱ.①潘⋯　Ⅲ.①C 语言－程序设计－少儿读物　Ⅳ.① TP312.8-49

中国版本图书馆 CIP 数据核字（2017）第 170455 号

责任编辑：赵轶华
封面设计：潘雨萱
责任校对：刘　静
责任印制：曹婉颖

出版发行：清华大学出版社
　　　　　网　　址：https://www.tup.com.cn, https://www.wqxuetang.com
　　　　　地　　址：北京清华大学学研大厦 A 座　　　　邮　　编：100084
　　　　　社 总 机：010-83470000　　　　　　　　　邮　　购：010-62786544
　　　　　投稿与读者服务：010-62776969，c-service@tup.tsinghua.edu.cn
　　　　　质量反馈：010-62772015，zhiliang@tup.tsinghua.edu.cn
　　　　　课件下载：https://www.tup.com.cn，010-83470410
印 装 者：涿州汇美亿浓印刷有限公司
经　　销：全国新华书店
开　　本：185mm×260mm　总 印 张：22.5　插页：2　总 字 数：398 千字
版　　次：2017 年 11 月第 1 版　　　　　　　　印　　次：2024 年 10 月第 34 次印刷
印　　数：179001～184000
定　　价：59.80 元（全二册）

产品编号：075484-06

序

    学校，是学习之所，成长之地。学习，然后成长，是人世间最美好的事。这份美好，属于学生，也属于老师。老师，孩子，在成长中成就彼此。

    2012年，环城小学成立"种子书院"，许多老师带着理想成立"金种子工作室"，他们一起学习，一起研究，一起成长，只为寻找"适合儿童的教育"。其中，便有学校的编程达人潘洪波老师和他的孩子们。潘老师一心热衷儿童编程教育，坚持编程要从娃娃抓起，并在教学中不断探索适合小学生的"程序与算法"教法。五年的坚持，让潘老师和孩子们硕果累累；五年的坚持，也让潘老师的教材研究集腋成裘。《小学生C++趣味编程》是潘老师的智慧与心血之作，也是他和孩子们编程路上的成长足迹。

    此书付梓出版，能够帮助更多的小朋友们有趣地学习编程，能够帮助更多一线信息教师少走弯路。对潘老师而言，这就是一件很有意义的事。

浙江省小学数学特级教师

北京师范大学教育家书院兼职研究员

俞正强

2017 年 6 月

比尔·盖茨说："学习编程可以锻炼你的思维，帮助你更好地思考，创建一种我认为在各领域都非常好用的思维方式。"麻省理工学院的切尔·雷斯尼克说："当你学会编程，你会开始思考世界上的一切过程。"

未来的世界一定是智能化、自动化的世界，与大数据、人工智能等技术相关，而这一切的基础是程序。学会编程，有利于在信息化的今天更高效地利用计算机；学会编程，能更好地读懂世界、适应世界、创造未来世界。

小学生学习编程并不是为了将来成为程序员，而是在学习中开发智力、培养创造力，学会运用计算思维解决问题。学会编程就拥有了一笔巨大的"财富"。

正因为编程如此重要，从1984年起，中国计算机学会每年都举行"全国青少年信息学奥林匹克竞赛（NOI）"，希望通过比赛促进学校、社会开展程序教学。然而，现有的青少年信息学培训教材大部分是仿照大学教材来编写，相关知识常常集中、系统地出现，像用户说明书一样面面俱到，所举的例子经常涉及初中、高中的知识，这样的教材非常适合有一定基础的中学生，但对初学的小学生来说，较难理解，学习也就变得枯燥无味、索然无趣。于是就萌发了编写本书的念头。一本符合小学生心理、适合小学生学习的书，既能方便一线教师轻松地开设拓展课程，开展社团、竞赛等活动，又能让广大小学生轻松、有趣地学习。

在编写本书时，笔者进行了如下几点思考。

（1）方向比努力更重要。以程序为中心，循序渐进，层层铺垫，采用课和单元的形式编排课程，符合儿童的认知规律，为学生的学习、教师的教学指引正确的方向。

（2）兴趣比奖次更重要。本书选取的例子贴近生活，符合儿童的身心特点，易引起小学生的共鸣，激发他们的学习兴趣，让学生感觉到学习 C++ 是一件很有趣的事情。

（3）信心比知识更重要。本书选取最常用的语句、算法，舍弃超越小学生能力范围的内容，不盲目拔高，重在让普通的学生在有限的时间内轻松地看懂、学会，体验到成功的喜悦。

（4）算法比语言更重要。算法决定程序，是程序设计的核心，语言只是载体。只有理解算法，才能掌握解决问题的方法，才能建立计算思维，为今后的学习打下坚实的基础。本书注重算法，利用流程图让学生轻松理解解题思路，举一反三，课后的习题利于学生巩固升华，也便于教师教学。

感谢浙江省功勋教师、省特级教师董闰聪老师，从 1996 年就开始帮助我、支持我开展程序教学；感谢省特级教师俞正强老师，是他的"种子教师"培养方案，促使我开始编写本书；感谢省特级教师王伟文老师，正是他的帮助和大力支持，本书才能正式出版。

感谢浙江师范大学陈炳木和熊继平、金华职业技术学院刘日仙、金华市教研室吴跃胜、婺城区教研室钱柳松、金华九中郑理新和方金浩、金华五中陈洪祺、浙江师范大学婺州外国语学校吴传夏、义乌中学胡建峰、山东省昌乐一中朱德庆、济南市德兴街小学王美倩、长沙市周南中学陈学民、山东省东营市胜利友爱小学胡莹、山东省沂南县第二实验小学王玮等老师，为本书提出了许多真诚而有益的建议；感谢我的学生给我创作的灵感；感谢我的女儿潘雨萱小朋友，让我进一步反思教学中存在的问题，她还为本书配上有趣的插图。本书也献给我可爱的女儿。

本书以适合小学生学习为出发点，结合本人 20 余年的教学经验，历时 4 年多编写完成。编写本书的过程，是一次自我学习、自我成长和自我反思的过程。但是因时间和水平有限，书中难免存在不妥或错误之处，欢迎批评指正，可发送电子邮件到 4878747@qq.com，更希望读者对本书提出建设性意见，以便修订再版时改进。

潘洪波

2017 年 6 月

人物介绍

狐狸老师

风之巅小学的信息老师，幽默，充满智慧，上课生动有趣，深受孩子们喜爱。精通 Python、Pascal、C、C++、Java、C#、Scratch、汇编语言等多种计算机语言，擅长枚举、回溯、递归、分治、搜索、动态规划等多种算法。

兔子尼克

风之巅小学四年级学生，阳光少年，爱动脑筋，特别擅长枚举算法。

泰迪狗格莱尔

风之巅小学五年级学生，可爱的美少女，乐于助人，特别擅长递归算法。

配套教学资源下载

目录

上　册

第 3 单元　for 循环 107

下　册

第 4 单元　while 与 do-while 循环 165

第 1 单元　顺序结构

格莱尔特别喜欢吃蒸饺，香菇蒸饺、芹菜蒸饺、萝卜蒸饺、三鲜蒸饺、牛肉蒸饺、花式蒸饺等，不但味美而且营养丰富。其制作步骤是：先揉面擀皮，再调好馅料，然后包饺子，最后蒸饺子。

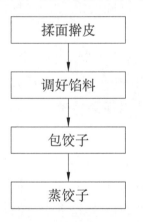

人们做事情常有一定的顺序，先做什么，再做什么，然后做什么，最后做什么，这样可以做得又好又快，井井有条。

第 1 课　编程是一门技术
——认识 Dev-C++

今天，我们的生活已经和软件密不可分，与朋友交流用微信、QQ，出门用滴滴打车，购物付款用支付宝……可以说，软件使我们的生活更加方便、快捷、美好！软件由程序和文档构成，每个程序都是由一条条计算机能够识别和执行的指令组成的，每一条指令指挥计算机完成指定的操作。

编写程序又称为编程，它是一门技术。通俗地讲，编程就是告诉计算机，你要帮我做什么、怎么做，但是计算机无法直接听懂人类的语言，所以需要使用一种计算机和我们人类都能"听"得懂的语言，这种语言就是计算机语言。

计算机问世初期，人们只能用低级语言（机器语言或汇编语言）编写程序，但是这类语言较难掌握，而且编写出的程序依赖于具体的机型，不能通用，也无法在不同机型之间移植。后来就出现了易学、易掌握、可移植性强、与具体的计算机硬件关系不大的高级语言。

C++ 就是一种高级语言，它是由 C 语言发展而来的，与 C 语言兼容。C 语言是 1972 年由美国贝尔实验室设计而成的。1980 年前后，贝尔实验室开始研发 C++。C++ 是一种功能强大的混合型程序设计语言，利用它既可以进行面向过程的结构化程序设计，也可以进行面向对象的程序设计。

> 　　Dev-C++ 是一个可视化集成开发环境，用此软件可以实现 C++ 程序的编辑、编译、运行和调试等工作。

1. 启动 Dev-C++

双击桌面上的 Dev-C++ 图标（如图 1.1 所示），或者在"开始"菜单里选择 Dev-C++，即可启动 Dev-C++。Dev-C++ 的界面如图 1.2 所示。

标题栏　　菜单栏　源程序的文件名　工具栏

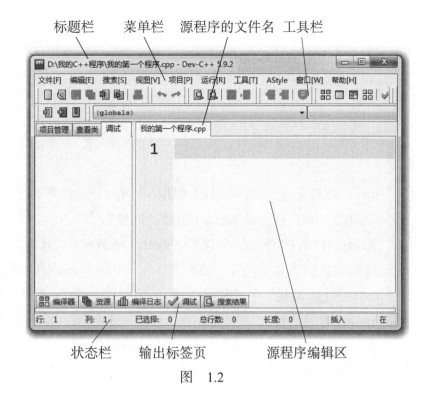

状态栏　　　输出标签页　　　　　源程序编辑区

图　1.1　　　　　　　　　　图　1.2

2. 新建源程序

选择"文件"→"新建"→"源代码"，新建一个源程序文件。

选择"工具"→"编辑器选项"，打开"编辑器属性"对话框，在"显示"选项卡中，可以调整字号的大小，如可将字号设置为20，如图1.3所示。

图　1.3

3. 编写第一个程序

在编辑界面输入以下代码。

```cpp
int main()
{
  return 0;
}
```

int main() 是主函数的起始声明。所有 C++ 程序都必须有且只有一个 main() 函数，而且都是从 main() 函数开始执行。

int 是一种数据类型——整型，main() 函数前的 int 表示主函数运行结束时，返回的数据类型是整型，在标准 C++ 中规定 main() 函数必须声明为 int。

return 返回语句，一般是函数的最后一条可执行语句。main() 函数末尾使用 return 返回语句时，数据 0 表示程序顺利结束，其他数表示有异常。

在 C++ 中，每个语句是以 ";" 作为分隔符的，遇到 ";" 表示这个语句结束了，但预处理命令、函数头和花括号 "}" 之后通常是不加分号的。

4. 保存、编译、运行程序

用高级语言编写的程序称为源程序，C++ 的源程序以 .cpp 作为后缀。

为了使计算机能够执行高级语言的源程序，必须先把源程序翻译成二进制形式的目标文件，这就是编译，完成这个任务的软件叫作编译程序、编译系统或编译器。

在编译运行之前必须先保存源程序，选择"文件"→"保存"或"另存为"，将命名后的源程序保存到指定的文件夹中。

源程序保存后，再选择"运行"→"编译运行"，对源代码进行编译运行，如图 1.4 所示。

编译时，如果程序有语法错误，将显示错误信息；如果程序语法正确，编译完成后，会得到一个或多个目标文件，系统将所有的目标文件和系统库文件等信息连接起来，形成一个可执行的 .exe 文件。上面的程序只有一个 return 返回语句，在运行时没有任何输出信息。

图　1.4

小提示

　　如果Dev-C++是英文界面，可选择菜单栏中的"Tools"→"Environment Options..."，打开环境设置对话框，将"General"栏中的 Language 选项改为"简体中文/Chinese"，即可改为中文界面。

📖 英汉小词典

Dev [dev]　developer（开发者）的缩写

int [ɪnt]　整数

main [meɪn]　主要的，最重要的

return [rɪ'tɜːn]　返回

❓ 动动脑

1. C++编写的源程序扩展名为（　　　）。

　　A. cpp　　　　　　B. doc　　　　　　C. jpg　　　　　　D. mp3

2. 阅读程序写结果。

```
int main()
{
  ;
  return 0;
}
```

第 2 课 春 晓
——cout 语句

唐代诗人孟浩然所作的《春晓》是一首家喻户晓的诗，但是校园里更流行的是孩子们自编的《春晓》。

春 晓
春眠不觉晓，
处处蚊子咬。
夜来嗡嗡声，
脓包知多少。

试编一程序，输出此首诗中的一句，如"春眠不觉晓，处处蚊子咬。"

```cpp
#include <iostream>          ←————————— 头文件
using namespace std;         ←————————— 命名空间
int main()
{
    cout << " 春眠不觉晓，处处蚊子咬。";
    return 0;
}
```

运行结果：

春眠不觉晓，处处蚊子咬。

一般一个 C++ 程序由头文件、命名空间和主函数构成。

　　头文件是 C++ 程序对其他程序的引用。本例中的 #include <iostream> 就是让编译器的预处理器把这个输入输出流的标准头文件 iostream 包含到本程序中，为本程序提供输入或输出时所需要的一些信息。

　　include 是预处理命令，是一个"包含指令"，它并不是 C++ 中的一个语句，所以末尾没有语句分隔符 ";"，使用时以 "#" 开头。iostream 是输入输出流的标准头文件，因这类文件都是放在程序单元的开头，所以称为"头文件"。

　　using namespace std; 是一句指明程序采用的命名空间的指令，表示使用命名空间 std（标准）中的内容。采用命名空间是为了解决多人同时编写大型程序时名字产生冲突的问题。

> 　　习惯上，将 cout 和流插入运算符 "<<" 实现的输出语句简称为 cout 语句。

　　在使用 cout 语句前必须先引入头文件，并指明命名空间。

```
#include <iostream>
using namespace std;
```

　　在 C++ 中，输入和输出是用"流"的方式实现的。在定义流对象时，系统会在内存中开辟一段缓冲区，用来暂存输入输出的数据。

　　cout 语句的一般格式为：

cout << 项目 1 << 项目 2 << … << 项目 n;

　　cout 语句的作用是将流插入运算符 "<<" 右侧项目的内容插入输出流中，C++ 系统再将输出流的内容输出到系统指定的设备（一般为显示器）上。

　　cout << " 春眠不觉晓，处处蚊子咬。"; 的含义即在屏幕上输出"春眠不觉晓，处处蚊子咬。"，如图 2.1 所示。有些同学可能觉得不过瘾，希望换行

图　2.1

显示整首诗，程序如下。

```cpp
#include <iostream>
using namespace std;
int main()
{
    cout << " 春晓 " << endl;
    cout << " 春眠不觉晓 , " << endl;
    cout << " 处处蚊子咬。" << endl;
    cout << " 夜来嗡嗡声 , " << endl;
    cout << " 脓包知多少。" << endl;
    return 0;
}
```

运行结果：

春晓
春眠不觉晓，
处处蚊子咬。
夜来嗡嗡声，
脓包知多少。

小提示

程序中的双撇号是英文状态下的双撇号，不是中文状态下的引号。

中英文切换：Ctrl+ 空格

各输入法之间切换：Ctrl+Shift

📖 英汉小词典

include [ɪnˈkluːd]　包括；包含

iostream [aiəʊstriːm]　（是 i-o-stream 3 个词的组合）输入输出流

using [juːzɪŋ]　使用

namespace [ˈneimspeis]　命名空间

std　standard（标准）的缩写

cout　由 c 和 out 两个单词组成，[siˈaʊt]　输出流

endl　end line（[end][laɪn]）的缩写，换行并清空缓冲区

? 动动脑

1. 计算机系统由（　　　）组成。

 A. 主板、显示器、键盘、鼠标 B. 操作系统和应用软件

 C. 主机、输出设备、输入设备 D. 硬件系统和软件系统

2. 阅读程序写结果。

```
#include <iostream>
using namespace std;
int main()
{
  cout << "99+1=";
  cout << 100;
  return 0;
}
```

输出：_____

3. 完善程序。

编个程序，来个自我介绍吧。

```
#include <iostream>
using namespace std;
int main()
{
  cout << " 大家好! _____。";
  return 0;
}
```

第 3 课　天安门广场
——变量、表达式与赋值语句

天安门广场位于北京市中心，可容纳 100 万人举行盛大集会，是世界上最大的城市广场。它到底有多大呢？天安门广场南北长 880 米，东西宽 500 米。

试编一程序，算一算天安门广场的面积是多少平方米？

我们知道长方形的面积公式是 s＝a×b，那么应该如何编写程序呢？

```cpp
#include <iostream>
using namespace std;
int main()
{
    int a, b, s;
    a=880;
    b=500;
    s=a*b;
    cout << " 天安门广场面积："";
    cout << s << " 平方米 ";
    return 0;
}
```

运行结果：

天安门广场面积：440000 平方米

在程序运行期间其值可以改变的量称为变量，如本课程序中的 a、b、s 均为变量。

　　变量必须先定义后使用。变量定义时，系统依据定义的类型，给变量开辟对应大小的存储单元来存放数据。

　　如"int a，b，s;"就定义了三个变量 a、b、s，它们是整型变量，可以把像 0、1、10、20 这样的整数赋值给 a、b、s。若把像 1.1、10.52、20.788 这样的非整数赋值给 a、b、s，系统则会自动取整，截去小数部分。

　　变量名只能由字母、数字和下划线 3 种字符组成，且第一个字符必须为字母或下划线。变量名是一种标识符。

小提示

　　在 C++ 中，同一个字母的大写和小写被认为是两个不同的字符，因此变量 a 和变量 A 是两个不同的变量。变量名一般用小写字母表示。

　　a=880;　表示把 880 赋值给 a。

　　b=500;　表示把 500 赋值给 b。

　　s=a*b;　表示把 a*b 的积赋值给 s。

　　这三个语句都是赋值语句，其中"="称为赋值号，不能把赋值号"="读作"等号"，如"i=1;"应读作"把 1 赋值给 i"。

　　在 C++ 中，乘号是"*"号，而不是数学中的"×"，除号是"/"，而不是平时书写的"÷"，如表 3.1 所示。a 除以 10，写成 a/10；a 除以 b，写成 a/b。

表　3.1

数学符号	+	—	×	÷
C++ 中的运算符号	+	—	*	/

　　像 a*b、a+10、880*500、（880+500）*2 等式子在 C++ 中称为数学表达式，数学表达式是最常见的一种表达式。赋值语句的作用，就是把赋值号右边的值（或表达式的值）赋值给左边的变量。

　　需要注意"a=880;"是赋值语句，而"a=880"是表达式——赋值表达式。

❓动动脑

1. 下列（　　）是非法的标识符。

　　A. 3y　　　　　　　B. b5　　　　　　　C. H_1　　　　　　　D. p7y

2. 阅读程序写结果 ①。

```
#include <iostream>
using namespace std;
int main()
{
    int i, j, k;
    i=8;
    j=9;
    k=i*j;
    cout << i;
    cout << j;
    cout << k;
    return 0;
}
```

i	j	k
8	9	

输出：_____

3. 完善程序。

风之巅小学的操场，长 120 米，宽 80 米，求操场的周长是多少米？

```
#include <iostream>
using namespace std;
int main()
{
    int a, b, c;
    a=120;
    b=80;
    c=_____;
    cout << c;
    return 0;
}
```

_____

① 此类题目请将中间过程写在虚线框中，后不再说明。

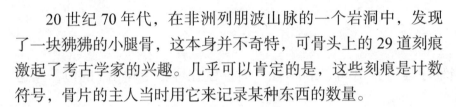

第4课 列朋波骨
——计数器

20 世纪 70 年代，在非洲列朋波山脉的一个岩洞中，发现了一块狒狒的小腿骨，这本身并不奇特，可骨头上的 29 道刻痕激起了考古学家的兴趣。几乎可以肯定的是，这些刻痕是计数符号，骨片的主人当时用它来记录某种东西的数量。

尼克每天背诵完一首古诗后，模仿古人在一根木棒上刻一条痕。试编一程序，算一算若连续刻了 5 天，一共有多少道痕？

```cpp
#include <iostream>
using namespace std;
int main()
{
    int i;
    i=0;
    i=i+1;
    i=i+1;
    i=i+1;
    i=i+1;
    i=i+1;
    cout << i;
    return 0;
}
```

运行结果：

5

语句"i=i+1;"的含义是先把变量 i 的原值加 1，然后将其赋值给 i，程序运行过程如图 4.1 所示。

	i = i + 1
i=0; ·················	0
i=i+1; ·················	i ← 0 + 1
i=i+1; ·················	i ← 1 + 1
i=i+1; ·················	i ← 2 + 1
i=i+1; ·················	i ← 3 + 1
i=i+1; ·················	i ← 4 + 1

图 4.1

所以当程序运行到语句"cout<<i;"时，就在屏幕上输出 i 的值，其运行结果为 5。

语句"i=i+1;"每运行一次，i 的值就增加 1。这样变量 i 可以起到统计次数的作用，有计数的功能。

> 通常我们把具有计数功能的变量称为"计数器"。

赋值语句"i=i+1;"也可以写成"i++;"，"++"叫作自加运算符或自增运算符。

自增有以下两种方法。

方法 1：变量名 ++;

方法 2：++ 变量名 ;

这两种方法都能使变量的值加 1，但它们是有区别的。

小提示

C++ 最初是称为"带类的 C"，后来为了强调它是 C 的增强版，用了 C 语言中的自加运算符"++"，改称为 C++。

> 若有 3 个连续的自然数，已知第一个自然数为 100，请编写程序输出这 3 个自然数（每行输出一个数）。

```cpp
#include <iostream>
using namespace std;
int main()
```

```
{
    int n;
    n=100;
    cout << n << endl;
    n++;
    cout << n << endl;
    ++n;
    cout << n << endl;
    return 0;
}
```

运行结果：

```
100
101
102
```

在单独使用自增时，n++ 和 ++n，两种用法的结果是一样的。但是，当在赋值语句中使用时，两种结果就不同了。如：

a=100;
b=100;
x=a++;
y=++b;

a	b	x	y
100	100		
101	101	100	101

语句"x=a++;"表示先将 a 的值赋值给 x 后，再将 a 的值加 1。而语句"y=++b;"表示先将 b 的值加上 1，再赋值给 y，因为自增运算符的结合方向为"自左至右"（即先左后右）。

赋值语句"i=i-1;"也可以写成"i--;"或"--i;"，"--"称为自减运算符，其用法与自增类似。

❓动动脑

1. 语句"x=++b；"与下面（　　　　）项的语句等价。

    A. ++b;
       x=b;

    B. x=b;
       ++b;

    C. b++;
       b=x;

    D. x=b;
       ++x;

2. 阅读程序写结果。

```cpp
#include <iostream>
using namespace std;
int main()
{
    int i;
    i=10;
    i--;
    --i;
    i--;
    i++;
    cout << i << endl;
    return 0;
}
```

```
        i
_____
```

输出：_____

3. 完善程序。

尼克爷爷的岁数、爸爸的岁数和他自己的岁数是 3 个等差的自然数，每两个数相差 25。已知尼克为 11 岁，那么请输出他们的岁数。

```cpp
#include <iostream>
using namespace std;
int main()
{
    int n;
    n=11;
    cout << n << endl;
    _____;
    cout << n << endl;
    n=n+25;
    _____;
    return 0;
}
```

第 5 课 雪 花
——累加器

试编一程序，算一算《雪花》第一句中数字 1、2、3、4 的和是多少？

雪 花

一片二片三四片，

五片六片七八片，

九片十片无数片，

飞入梅花看不见。

```cpp
#include <iostream>
using namespace std;
int main()
{
    int sum;
    sum=0;
    sum=sum+1;
    sum=sum+2;
    sum=sum+3;
    sum=sum+4;
    cout << "1+2+3+4=" << sum << endl;
    return 0;
}
```

运行结果：

1+2+3+4=10

我们来分析一下程序是如何运行的，如图 5.1 所示。

	sum	=	sum		+	◯
sum=0; ⋯⋯⋯⋯⋯	sum	←	0			
sum=sum+1; ⋯⋯⋯⋯⋯	sum	←	0		+	1
sum=sum+2; ⋯⋯⋯⋯⋯	sum	←	0+1		+	2
sum=sum+3; ⋯⋯⋯⋯⋯	sum	←	0+1+2		+	3
sum=sum+4; ⋯⋯⋯⋯⋯	sum	←	0+1+2+3		+	4

图　5.1

这样就能求 1+2+3+4 的和了。

赋值语句 "sum=sum+i;"，就是把原来 sum 的值加上 i 的值，然后再赋值给 sum。每运行一次，就加一个新的 i 值，这样变量 sum 可以起到累加求和的作用。

> 通常我们把具有累加功能的变量称为"累加器"。

本课的程序也可以编写如下。

```cpp
#include <iostream>
using namespace std;
int main()
{
  int sum=0;
  sum=1+2+3+4;
  cout << "1+2+3+4=" << sum << endl;
  return 0;
}
```

❓动动脑

1. (8+6)×a−10+c÷2 在 C++ 中应表示为 (　　　)。

　　A.（8+6）×a−10+c÷2

　　B.（8+6）*a−10+c÷2

　　C.（8+6）*a−10+c/2

　　D.（8+6）×a−10+c/2

2. 阅读程序写结果。

```cpp
#include <iostream>
using namespace std;
int main()
{
    int a, b, c, s;
    s=0;
    a=7;
    b=8;
    c=3;
    s=s+a;
    s=s+b;
    s=s+c;
    cout << "s=" << s << endl;
    return 0;
}
```

a	b	c	s

输出：＿＿＿＿＿＿＿＿＿＿＿＿＿＿

3. 完善程序。

　　每周三，狐狸老师要为向日葵班、苹果班、草莓班的同学上智能机器人课，其中向日葵班 43 人，苹果班 42 人，草莓班 45 人。请问每周三狐狸老师一共为多少名学生上课？

```cpp
#include <iostream>
using namespace std;
int main()
{
    int sum, n;
    _____;
    n=43;
    sum=sum+n;
    n=42;
    _____;
    n=45;
    sum=sum+n;
    cout << "sum=" << sum << endl;
    return 0;
}
```

第6课 细胞分裂

——复合运算符

细胞学说是1838—1839年由德国的植物学家施莱登和动物学家施旺提出。该学说认为一切生物都是由细胞组成，细胞是生命的结构单位，细胞只能由细胞分裂而来。

> 如图6.1所示，1个细胞，第1次分裂成2个，第2次2个分裂成4个，……试编一程序，算一算第5次分裂成几个？

```cpp
#include <iostream>
using namespace std;
int main()
{
  int n=1;
  n=n*2;
  n=n*2;
  n=n*2;
  n*=2;
  n*=2;
  cout << n << endl;
  return 0;
}
```

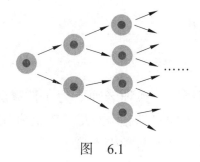

图   6.1

运行结果：

32

在赋值符"="之前加上"*"运算符，构成复合运算符"*="。语句"n*=2;"相当于"n= n*2;"。

还有其他复合的运算符，如"+=""-=""/="。

s+=i   等同于   s= s+i

s-=i　　等同于　　　　s= s-i

s*=i　　等同于　　　　s= s*i

s/=i　　等同于　　　s= s/i（i ≠ 0）

我们来分析一下程序是如何运行的，如图 6.2 所示。

	n	=	n * 2
int n=1; ··············			1
n=n*2; ··············	n	←	1 * 2
n=n*2; ··············	n	←	2 * 2
n=n*2; ··············	n	←	4 * 2
n*=2; ··············	n	←	8 * 2
n*=2; ··············	n	←	16 * 2

图　6.2

❓动动脑

1. 下列计算机设备中，属于存储设备的是（　　　）。

　A. 键盘　　　　　　B. RAM　　　　　C. 显示器　　　　　D. CPU

2. 阅读程序写结果。

```cpp
#include <iostream>
using namespace std;
int main()
{
  int i=1, sum=0;
  sum+=i;
  i*=2;
  sum+=i;
  i*=2;
  sum+=i;
  i*=2;
  sum+=i;
  cout << "i=" << i << "," << "sum=" << sum << endl;
  return 0;
}
```

i	sum

输出：＿＿＿＿＿＿＿＿＿＿＿

3.完善程序。

格莱尔买来 30 根骨头，第一天吃掉一半后又吃了一根，第二天将剩下的骨头吃了一半后又吃了一根，第三天仍然如此。问第三天吃完后还剩下多少根骨头？

```cpp
#include <iostream>
using namespace std;
int main()
{
    int _____;
    n=n/2-1;
    n=n/2-1;
    _____;
    cout << n << endl;
    return 0;
}
```

第 7 课 阿布拉卡达布拉
——交换两个变量的值及注释符

狐狸老师是一位好学的老师，经常向女巫温妮学习魔法。尼克是一位好学的学生，经常做实验。一天尼克在做实验时需要交换一瓶 10 毫升的红墨水和一瓶 20 毫升的蓝墨水，向狐狸老师求助，狐狸老师念了一句咒语"阿布拉卡达布拉"，帮助了尼克。

试编一程序，模拟交换过程。

设瓶子 a 中有 10 毫升红墨水，瓶子 b 中有 20 毫升蓝墨水，要交换瓶子 a 与瓶子 b 里的墨水，需要借助一个空瓶子 t。第一步先把瓶子 a 中的红墨水倒入瓶子 t，第二步把瓶子 b 中的蓝墨水倒入瓶子 a，第三步把瓶子 t 中的红墨水倒入瓶子 b，如图 7.1 所示。输出交换前和交换后瓶子 a、b 墨水的量。

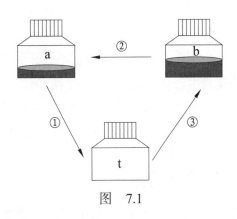

图 7.1

```
#include <iostream>
using namespace std;
int main()
{
    int a, b, t;
    a=10;
    b=20;
    cout << "a=" << a << " b=" << b << endl;    // 输出交换前 a、b 的值
    t=a;
    a=b;
```

```
    b=t;
    cout << "a=" << a << " b=" << b << endl;          // 输出交换后 a、b 的值
    return 0;
}
```

运行结果：

```
a=10    b=20
a=20    b=10
```

　　交换两瓶墨水需要一个空瓶子，交换变量 a 和 b 的值也需要借助另一个变量 t，但是把变量 a 的值赋值给变量 t 后，变量 a 的值在没有赋新值之前保持不变。

　　以后，要交换两个变量的值，就让我们使用"阿布拉卡达布拉"咒语吧！

　　　　一个好的源程序都会加上必要的注释，以增加程序的可读性。

　　"//"是单行注释符，表示从"//"到它所在行的末尾的内容都是注释内容，注释内容不会被程序执行。这种方法适用于注释一行信息的情况。

　　当连续的多行内容需要注释时，可以用"/*"开始，以"*/"结束进行注释，在"/*"和"*/"之间的所有内容均为注释信息。

❓ 动动脑

1. 计算机能直接识别的程序是（　　　　）。

　　A. Python 语言编写的源程序　　　　B. C++ 语言编写的源程序

　　C. 机器语言编写的程序　　　　　　　D. 各种高级语言编写的源程序

2. 阅读程序写结果。

```
#include <iostream>
using namespace std;
int main()
{
    int a, b;
```

```
a=100;
b=200;
a=b-a;
b-= a;
a+=b;
cout << "a=" << a << " b=" << b << endl;
return 0;
}
```

a	b

输出：_____

3. 完善程序。

一个三位数，百位上的数比十位上的数大 1，个位上的数是百位上的数的 2 倍，若十位上的数为 3，这个三位数是多少？

```
#include <iostream>
using namespace std;
int main()
{
    int ge, shi, bai, shu;
    shi=3;
    _____;
    ge=bai*2;
    _____;
    cout << "shu=" << shu << endl;
    return 0;
}
```

第 8 课 竖式计算
——设置域宽 setw( )

数学老师请你帮忙，在屏幕上输出 18+870 的竖式计算，试编一程序，实现这个功能。

```cpp
#include <iostream>
#include <iomanip>                    // 为了使用 setw 操作符来设置域宽
using namespace std;
int main()
{
    int a, b, s;
    a=18;
    b=870;
    s=a+b;
    cout << setw(10) << a << endl;
    cout << setw(4) << '+' << setw(6) << b << endl;
    cout << "-----------" << endl;
    cout << setw(10) << s << endl;
    return 0;
}
```

运行结果：

```
        18
+      870
-----------
       888
```

使用 setw 操作符前，必须包含头文件 iomanip，即 #include <iomanip>。头文件 iomanip 用来声明一些"流操作符"，需要按一定格式输入输出时，就需要用到它，比较常用的有设置域宽、设置左右对齐、设置实数的精确度等。

> 输出的内容所占的总宽度称为域宽，有些高级语言中称为场宽。

使用 setw 操作符设置域宽时，默认为右对齐，setw 操作符只对直接跟在后面的输出数据起作用。如果输出数据所需的宽度比设置的域宽小，默认用空格填充；如果输出数据所需的宽度比设置的域宽大，输出数据并不会被截断，系统会输出所有位。

例如程序中 setw(10) 在输出时分配了 10 个字符的宽度，而变量 a 的值是 18，只有 2 个字符宽度，则在前面补 8 个空格。书写时，用"⌴"表示空格。

📖 英汉小词典

iomanip　io 是输入输出的缩写，manip 是 manipulator（操纵器）的缩写
setw　set width [set][wɪdə] 的缩写，设置域宽

❓ 动动脑

1. 为了让计算机完成一个完整的任务而编写的一串指令序列称为
(　　)。

    A. 命令　　　　　B. 口令　　　　　C. 程序　　　　　D. 软件

2. 阅读程序写结果。

```cpp
#include <iostream>
#include <iomanip>
using namespace std;
int main()
{
  int a, b, c;
  a=3;
  b=4;
  c=a*a+b*b;
  cout << a << '*' << a << '+' << b << '*' << b << '=' << setw(2) << c << endl;
  return 0;
}
```

a	b	c

输出：_____

3. 完善程序。

已知 a 为 15，b 为 3，输出 a−b 的竖式计算。

```cpp
#include <iostream>
#include <iomanip>
using namespace std;
int main()
{
    int a, b, c;
    a=15;
    b=3;
    c=a−b;
    cout << setw(5) << a << endl;
    cout << setw(2) << '−' << setw(3) << _____ << endl;
    cout << "--------" << endl;
    cout << _____ << c << endl;          // 占 5 个字符宽度
    return 0;
}
```

第 9 课　植树造林
——cin 语句

　　风之巅小学向全校师生发出"植树造林，还我绿色"的倡议，鼓励大家多植树，创造绿色家园，同学们都积极响应。向日葵班有 43 人，平均每人种 2 棵树；苹果班 42 人，平均每人种 3 棵树；草莓班 45 人，平均每人种 2 棵树。

　　　　试编一程序，分别计算出每个班总的棵数。

　　每个班的学生人数是不一样的，平均每人种树的棵数也会不一样，每次运行时都要更改程序，很不方便。能不能实现这样的功能：当程序运行时，每个班的人数和平均每人种的棵数由我们自己输入，程序能根据输入的数值计算出总的棵数？

　　由 cin 来实现，如 cin>>a 的作用是输入一个数并赋值给变量 a。

```cpp
#include <iostream>
using namespace std;
int main()
{
    int a, b, s;
    cout << " 请输入人数和平均每人种的棵数：";
    cin>>a;
    cin>>b;
    s=a*b;
    cout << " 总的棵数：" << s << endl;
    return 0;
}
```

运行结果：

① 请输入人数和平均每人种的棵数：<u>43 2</u>↙
　　总的棵数：86
② 请输入人数和平均每人种的棵数：<u>42 3</u>↙
　　总的棵数：126
③ 请输入人数和平均每人种的棵数：<u>45 2</u>↙
　　总的棵数：90

程序运行时，需要从键盘上输入两个数（人数和平均每人种的棵数），两个数之间需要用一个或多个空格、回车键等分隔。当输入多于 2 个数时，也只取最前面的 2 个数，把它们分别赋值给 a 和 b。

习惯上，将"cin"和流提取运算符">>"实现的输入语句简称为 cin 语句。

它与 cout 语句一样，也是用"流"的方式实现的。从输入设备（一般为键盘）读入数据送到输入流中，C++ 系统提取输入流中的数据赋值给指定的变量，如图 9.1 所示。

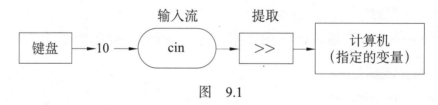

图　9.1

cin 语句的一般格式为：

cin>> 变量 1>> 变量 2>>…>> 变量 n;

我用 cin 语句重编了"阿布拉卡达布拉"程序。

```cpp
#include <iostream>
using namespace std;
int main()
{
    int a, b, t;
    cout << "a, b=";
```

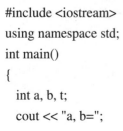

```
    cin>>a>>b;
    cout << "a=" << a << " b=" << b << endl;        // 输出交换前 a、b 的值
    t=a;
    a=b;
    b=t;
    cout << "a=" << a << " b=" << b << endl;        // 输出交换后 a、b 的值
    return 0;
}
```

运行结果：

a, b=10 20 ↙

a=10 b=20

a=20 b=10

其中，cin>>a>>b;　　　　等同于　　　　　cin>>a;

　　　　　　　　　　　　　　　　　　　　　　cin>>b;

📖 英汉小词典

cin　由 c 和 in 两个单词组成　[siːˈɪn]　输入流

❓ 动动脑

1. 在下面设备中，(　　　) 属于计算机的输入设备。

　　A. 显示器　　　　　B. 绘图仪　　　　　C. 打印机　　　　　D. 鼠标

2. 阅读程序写结果。

```
#include <iostream>
using namespace std;
int main()
{
    int s, a, b, c;
    cin>>s>>a>>b>>c;
    s-=a;
    s-=b;
    s-=c;
```

s	a	b	c

```
    cout << "ans=" << s << endl;
    return 0;
}
```

输入：200　10　20　30　50

输出：_____

3. 完善程序。

从键盘输入长方形的长和宽，输出长方形的周长。

```
#include <iostream>
using namespace std;
int main()
{
    int a, b, c;
    _____;
    c=(a+b)*2;
    cout << " 周长 : " << _____ << endl;
    return 0;
}
```

第 10 课　古埃及金字塔
——单精度实数 float

古埃及国王也称为法老，是古埃及最大的奴隶主，拥有至高无上的权力，他们被看作神的化身。他们为自己修建了巨大的陵墓，因其外形像汉字的"金"字，被称为"金字塔"。金字塔是法老权力的象征，埃及至今共发现金字塔 96 座。

金字塔的底是正方形，侧面由四个大小相等的等腰三角形构成。试编一程序，输入底和高，输出三角形的面积。

```cpp
#include <iostream>
using namespace std;
int main()
{
    int a, h, s;
    cout << "a, h=";
    cin>>a>>h;
    s=a*h/2;
    cout << "s=" << s << endl;
    return 0;
}
```

运行结果：

a, h=3 5↙
s=7

　　不对啊？三角形的底是 3 米，高是 5 米，面积应为 7.5 平方米，程序为何输出 7，而不输出 7.5 呢？

　　程序执行赋值语句"s=a*h/2;"时，先计算出 a*h/2 的值，但因为变量 a、h 和常量 2 都是整型，计算 3*5/2 时就自动取整（只取整数部分，小数部分截去）为 7，然后把 7 赋值给 s。

　　为了准确地存储 s 的值，需要把 s 定义为单精度实数（浮点数）float。

```
#include <iostream>
using namespace std;
int main()
{
    int a, h;
    float s;
    cout << "a, h=";
    cin>>a>>h;
    s=a*h/2.0;                    // 这里要写实数 2.0, 不能写成整数 2
    cout << "s=" << s << endl;
    return 0;
}
```

运行结果：

a, h=3 5↙
s=7.5

　　同学们，想一下为什么求面积时要写成"s=a*h/2.0;"，不能写成"s=a*h/2;"呢？

　　虽然已经把 s 定义为单精度实数 float，但因为变量 a、h 和常量 2 都是整型，计算 a*h/2 时还是按整型的方式来计算，其结果就自动取整为 7，然后把整型 7 自动转化为单精度实数 7.0，再赋值给单精度实数变量 s。

而 "s=a*h/2.0;", 虽然变量 a 和 h 为整型, 但常量 2.0 是实数, 计算 3*5/2.0 时就按实数方式来计算, 就是 7.5 了。

📖 英汉小词典

float [fləʊt]　实数、浮点数

❓ 动动脑

1. 世界著名计算机学家、美国科学院院士、美国科学与艺术学院院士、中国科学院院士姚期智因在计算机理论方面的基础性贡献, 2000 年获得美国计算机学会颁发的 (　　　)。

　　A. 金鸡奖　　　　B. 诺贝尔奖　　　　C. 菲尔兹奖　　　　D. 图灵奖

2. 阅读程序写结果。

```
#include <iostream>
using namespace std;
int main()
{
    int ans;
    float n;
    cin>>n;
    n*=100;
    n+=0.5;
    ans=n;
    cout << ans << endl;
    return 0;
}
```

ans	n

输入：0.628

输出：_____

3. 完善程序。

尼克非常喜欢喝妈妈煮的糖水, 但糖吃多了会影响健康。现在有含糖 20% 的糖水 15 克, 问再加多少水, 糖水中的含糖量会变为 15% ?

```
#include <iostream>
using namespace std;
int main()
{
    float tang, shui, tangshui;
    tang=15*0.2;                    // 先求出糖水中含糖多少克，加水后糖不变
    tangshui=tang/0.15;
    shui=_____;
    cout << " 应加水 : " << _____;
    return 0;
}
```

第 11 课 尼克与强盗
——整除及整除求余运算符的应用

尼克家种的胡萝卜今年不仅大丰收，而且还收获了一棵超级胡萝卜王。强盗兔听到这个消息，就想把这棵胡萝卜占为己有。这天强盗兔来到尼克家门口，记下了他家的门牌号——62 号，准备晚上再动手。这件事刚好被尼克发现了，聪明的尼克把门牌号上的十位数字和个位数字换一下，变成了 26 号并报警。晚上，愚蠢的强盗兔找了半天都没找到 62 号，同时被警察逮了个正着。

> 试编一程序，输入一个两位数，交换十位与个位上的数字，并输出。

```cpp
#include <iostream>
using namespace std;
int main()
{
    int n, ge, shi;
    cout << " 请输入一个两位数 : ";
    cin>>n;
    shi=n/10;
    ge=n%10;
    n=ge*10+shi;
    cout << n << endl;
    return 0;
}
```

运行结果：

请输入一个两位数：62↙
26

在数学中，"%"是百分号，如 100% 相当于 1，20% 相当于 0.2。但在 C++ 中，"%"是整除求余运算符，又叫模运算符。例如：

15%2　　表示 15 除以 2 的余数，其值为 1。

14%2　　表示 14 除以 2 的余数，其值为 0。

38%10　　表示 38 除以 10 的余数，其值为 8。

x%5　　表示 x 除以 5 的余数。

n%10　　表示 n 除以 10 的余数。

❓ 动动脑

1. C++ 中，315%2 的运算结果是（　　　）。

　　A. 315　　　　　　B. -157　　　　　　C. 1　　　　　　D. -1

2. 阅读程序写结果。

```
#include <iostream>
using namespace std;
int main()
{
    int a, b, c, d;
    cin>>a>>b;
    c=a/b;
    d=a%b;
    cout << a << '/' << b << '=';
    cout << c << "……" << d << endl;
    return 0;
}
```

a	b	c	d

输入：17　5

输出：_____

3. 完善程序。

输入一个三位数，输出它的各个数位之和。

```
#include <iostream>
using namespace std;
```

```
int main()
{
    int n, ge, shi, bai, he;
    cout << " 请输入一个三位数 : ";
    _____;
    ge=n%10;
    shi=(n/10)%10;
    _____;
    he=ge+shi+bai;
    cout << " 各个数位之和是 : " << he << endl;
    return 0;
}
```

第 12 课　小写变大写
——ASCII 码与字符型

计算机中的所有数据在存储和运算时都要用二进制数表示，而具体用哪些二进制数字表示，每个人都可以约定自己的一套编码。大家如果想要互相通信而不造成混乱，那么就必须使用相同的编码规则，于是美国有关的标准化组织就出台了 ASCII 编码（美国标准信息交换代码）。标准 ASCII 码（基础 ASCII 码）使用指定的 7 位二进制数组合来表示 128 种可能的字符。部分字符的 ASCII 值如表 12.1 所示。

表　12.1

字　　符	ASCII 值
空格	32
0	48
9	57
A	65
Z	90
a	97
z	122

将一个字符常量存放到内存单元时，实际上并不是把该字符本身存放到内存单元中，而是将该字符相应的 ASCII 码存放到存储单元中。如图 12.1 所示，字符变量 n 的值为 'A'。

n

| 65 |

图　12.1

既然字符数据是以 ASCII 码存储的，它的存储形式就与整数的存储形式类似。这样，在 C++ 中字符型数据和整型数据之间就可以相互通用。一个字符数据可以赋给一个整型变量，反之，一个整型数据也可以赋给一个字符变量。对字符数据进行算术运算，其实是对它们的 ASCII 码进行算术运算。

字符型数据，只包含一个字符（有且只有一个字符），用一对单撇号括起来，如 '+'、'b'、'8'、'#' 等，用关键字 char 定义字符型变量。

试编一程序，输入一个小写字母，输出其大写字母。

字符 'A' 的 ASCII 码是 65，字符 'a' 的 ASCII 码是 97，两者的差值为 32。

```cpp
#include <iostream>
using namespace std;
int main()
{
    char n;
    cout << " 输入 a~z: ";
    cin>>n;
    n=n-32;
    cout << n << endl;
    return 0;
}
```

运行结果：

输入 a~z: a↙
A

小提示

像 'a'、20、7.6 等，在程序运行中值不会发生变化的量称为常量。其中，'a' 为字符型常量，20 为整型常量，7.6 为实型常量。

📖 英汉小词典

ASCII ['æski]　美国标准信息交换代码

char [tʃɑ:(r)]　字符

❓动动脑

1. 为了显示本国的语言，不同的国家和地区制定了不同的标准，扩充了（　　　），如 GB_2312 字符集是目前最常用的汉字编码标准。

　　A. ASCII 码　　　B. 补码　　　　C. 汉字编码　　　D. BCD 码

2. 阅读程序写结果。

```cpp
#include <iostream>
using namespace std;
int main()
{
    char ch;
    int n;
    cin>>ch;
    n=ch;
    cout << ch << ' ' << n << endl;    // 两个单撇号之间有且只有一个空格
    return 0;
}
```

ch	n

输入：A

输出：_____

3. 完善程序。

输入一个字母，输出它的前一个字母、它自己和后一个字母，如输入 b，则输出 abc。

```cpp
#include <iostream>
using namespace std;
int main()
{
    char ch1, ch2, ch3;
    cin>>ch2;
    ch1=ch2-1;
    _____;
    cout << ch1 << ch2 << _____ << endl;
    return 0;
}
```

拓展阅读：埃尼阿克 ENIAC

　　第二次世界大战期间，美国军方为了研发新型的大炮和导弹，设立了"弹道研究实验室"。实验室为了计算炮弹弹道，雇用了 200 多人加班加点进行计算，速度依然无法达到军方的要求。

　　于是，在军方的支持下，宾夕法尼亚大学的莫克利博士和他的学生埃克特等人设计了以真空管取代继电器的"电子化"计算机——电子数字积分器与计算器。1946 年 2 月 14 日，世界上第一台通用计算机埃尼阿克（ENIAC）在美国宾夕法尼亚大学诞生。

　　埃尼阿克使用了 18800 个真空管，长 30.48 米，宽 6 米，高 2.4 米，占地面积约 170 平方米，重达 30 吨，是一个庞然大物。它每秒可以进行 5000 次加法运算，比当时手摇计算机快 1000 倍，用它计算炮弹着弹位置所需要的时间，比炮弹离开炮口到达目标所需要的时间还要短，因此被誉为"比炮弹还要快的计算机"。

　　在过去的七十多年中，计算机经历了电子管、晶体管、集成电路、大规模集成电路四个发展阶段，体积越变越小，运算速度越变越快，功能越变越强，价格越变越低。

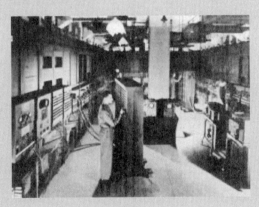

第2单元 选择结构

明天是星期六，格莱尔和尼克商量，如果天气好他们就去公园野餐，否则就在家里看书学习。根据不同的天气情况，选择不同的安排。

第 13 课　智商问题
——if 语句

智商（IQ）反映人的聪明程度，它是法国心理学家比奈提出的。他将一般人的平均智商定为 100。分数越高，表示越聪明，智商就越高，140 分以上者称为天才。

　　试编一程序，输入一个 200 以内的整数作为 IQ 值，判断是不是天才。

在日常的学习生活中，还有许多类似的判断，如成绩 n 大于或等于 60（n>=60）分时为合格；一个整数 n 能被 2 整除（n%2==0）时为偶数等。判断时需要对数据进行比较。像 "n>=60" "n%2==0" 等表达式称为关系表达式，其中 ">=" "==" 比较符，称为关系运算符，如表 13.1 所示。

表　13.1

名称	大于	大于等于	等于	小于等于	小于	不等于
符号	>	>=	==	<=	<	!=

关系表达式的值是一个逻辑值，即 "真" 或 "假"。如果条件成立，其值为 "真"；如果条件不成立，其值为 "假"。如 "70>=60" 的值为 "真"，"3%2==0" 的值为 "假"。在 C++ 中，数值非 0 表示 "真"，数值 0 表示 "假"。

智商问题中，需要对输入的 IQ 值进行判断，根据 IQ 的值执行不同的语句，这时就需要引入 if 语句，其格式为：

if（表达式）　语句 1;

if 语句的执行过程如图 13.1 所示，当条件成立即表达式的值为真（非 0）时，执行 "语句 1"；否则执行 if 语句的下一个语句。

智商问题的流程图如图 13.2 所示。

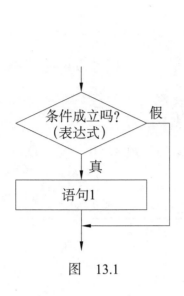

图 13.1

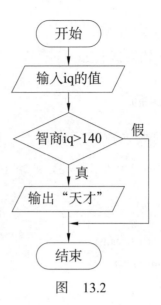

图 13.2

```
#include <iostream>
using namespace std;
int main()
{
    int iq;
    cout << "IQ: ";
    cin>>iq;
    if (iq>140) cout << " 天才 ";
    return 0;
}
```

运行结果：

① IQ：<u>150</u>↙
　天才

② IQ：<u>100</u>↙

　　画流程图时，需要用特定的图形符号加上说明，来表示程序的执行步骤。流程图符号的名称如图 13.3 所示。

起止框　　输入/输出框　　处理框　　判断框　　流程线

图 13.3

英汉小词典

if [ɪf]　如果；假如

动动脑

1. 下列表达式的值为"真"的是（　　　）。

　　A. 7%2==0　　　B. 'a' > '0'　　　C. 99 < 60　　　D. 0

2. 阅读程序写结果。

```cpp
#include <iostream>
using namespace std;
int main()
{
  int x;
  cin>>x;
  if(x>100) x-=10;
  cout << x;
  return 0;
}
```

```
          x
_____
```

输入：110

输出：＿＿＿＿＿＿＿

3. 完善程序。

输入一个整数，判断是不是偶数，若是就输出"偶数"。

```cpp
#include <iostream>
using namespace std;
int main()
{
  int n;
  cout << " 请输入一个整数 : ";
  _____;
  if(_____) cout << " 偶数 ";
  return 0;
}
```

第 14 课 跳绳达人
——if-else 语句

　　风之巅小学每学期都会举行跳绳比赛，比赛规定一分钟跳 200 次及以上就能被评为"跳绳达人"。尼克和格莱尔都是跳绳高手，每个学期都能评为"跳绳达人"。

> 　　试编一程序，输入一分钟跳绳的次数，若大于等于 200 次，输出"跳绳达人！"，否则输出"继续努力！"。

　　if 语句的另一种格式为：

if（表达式）

　　语句 1;

else

　　语句 2;

　　if 语句的执行过程如图 14.1 所示，当条件成立即表达式值为真（非 0）时，执行"语句 1"，否则执行 else 后的"语句 2"。

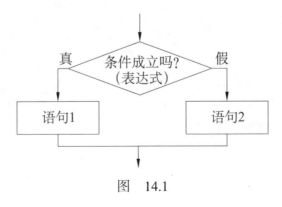

图　14.1

　　跳绳达人程序的流程图如图 14.2 所示。

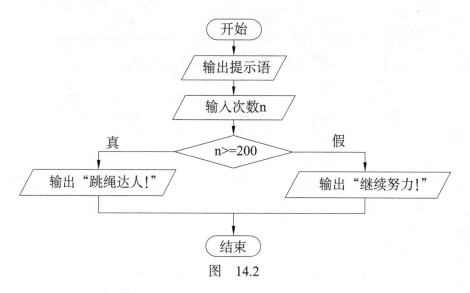

图 14.2

```cpp
#include <iostream>
using namespace std;
int main()
{
    int n;
    cout << " 请输入 1 分钟跳绳次数 : ";
    cin>>n;
    if (n>=200)
        cout << " 跳绳达人 !";
    else
        cout << " 继续努力 !";
    return 0;
}
```

运行结果：

① 请输入 1 分钟跳绳次数：220↙
　跳绳达人！
② 请输入 1 分钟跳绳次数：178↙
　继续努力！

看一看，读一读。

（1）当 a 大于 b，则输出 a，否则输出 b。

```
if (a>b) cout<<a;
else cout<<b;
```

（2）当 n 能被 5 整除时，输出换行，否则输出 n。

```
if (n%5==0) cout<<endl;
else cout<<n;
```

（3）当 a 大于 b 时，就把 a 的值给 max，否则就把 b 的值给 max。

```
if (a>b) max=a;
else max=b;
```

（4）当 a 能被 3 整除时，s 的值加 1，否则 t 的值加 1。

```
if (a%3==0) s++;
else t++;
```

（5）当 n 等于 100 时，s 的值加 1，否则 s 的值减 1。

```
if (n==100) s++;
else s--;
```

小提示

在 C++ 中一行可以写多个语句，一个语句也可以写在多行，但一般是一行写一个语句。

📖 英汉小词典

else [els]　否则

❓ 动动脑

1. 下列中合法的关系表达式是（　　　）。

　　A. 'a'<99　　　　B. 23.5!<20　　　　C. 12<>56　　　　D. 5<2x<14

2. 阅读程序写结果。

```cpp
#include <iostream>
using namespace std;
int main()
{
  int x;
  cin>>x;
  if(x==10) x++;
  else x--;
  cout << "x=" << x << endl;
  return 0;
}
```

```
        x
```

输入：10

输出：＿＿＿＿＿＿＿＿

3. 完善程序。

输入一个整数，判断其奇偶。如输入 24，输出"偶数"；输入 25，输出"奇数"。

```cpp
#include <iostream>
using namespace std;
int main()
{
  ＿＿＿＿＿＿＿＿＿＿＿＿；
  cout << " 请输入一个整数 : ";
  cin>>n;
  if( ＿＿＿＿＿ )
    cout << n << " 奇数 " << endl;
  else
    cout << n << " 偶数 " << endl;
  return 0;
}
```

第15课　比尔庄园

——if 语句嵌套

　　"比尔庄园 1.0"是狐狸老师开发的一款单机版小学生信息学竞赛训练系统，同学们登录比尔庄园可以练习信息学竞赛习题，系统能自动批改，并根据错误自动推送辅导内容。

　　　　试编写一个模拟"比尔庄园"登录的程序，输入正确的用户名和密码后，输出欢迎语句"亲爱的小朋友，欢迎你！"，否则输出"用户名错误！"或"密码错误！"。

　　假设用户名和密码均为六位数，如用户名：201701，密码：135790。流程图如图 15.1 所示。

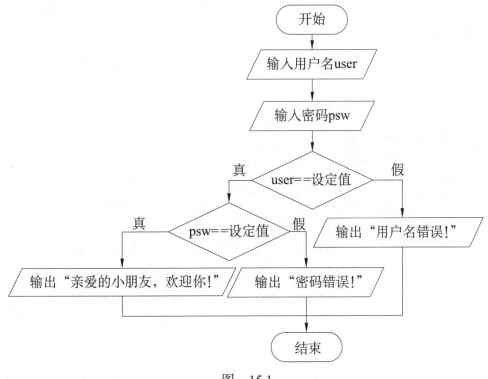

图　15.1

```cpp
#include <iostream>
using namespace std;
int main()
{
    const int USER=201701, PSW=135790;
    int user, psw;
    cout << " 用户名 : ";
    cin>>user;
    cout << " 密码 : ";
    cin>>psw;
    if (user==USER)
      if(psw==PSW)
        cout << " 亲爱的小朋友 , 欢迎你 !";
      else
        cout << " 密码错误 !";
    else
      cout << " 用户名错误 !";
    return 0;
}
```

运行结果：

① 用户名：<u>201701</u>↙
   密码：<u>135790</u>↙
   亲爱的小朋友，欢迎你！
② 用户名：<u>201701</u>↙
   密码：<u>123456</u>↙
   密码错误！
③ 用户名：<u>202001</u>↙
   密码：<u>123456</u>↙
   用户名错误！

　　在定义变量时，如果加上关键字 const，则变量的值在程序运行期间不能改变，这种变量称为常变量，在 C++ 中常变量又称为只读变量。

使用常变量的好处有：①修改方便，无论程序中出现多少次常变量，只要在定义语句中对定义的常变量值进行一次修改，就可以全改。②可读性强，常变量通常具有明确的含义。有时为了区别常变量和变量，程序中会把常变量名用大写字母表示。如 const int USER=201701, PSW=135790;

为了简单、易学，本例中密码只能用 0～9 的数字，不能用字母等其他字符。但在实际生活中，为了安全性更强，设置密码时，常常会用数字、字母或其他字符进行组合，这时就需要把密码设为字符串类型 string。如

const string PSW="apple132@#APPLE";
string psw;

字符串是夹在两个双撇号之间的一串字符，其字符个数可以是零个、一个或多个，如 ""、"a"、"apple" 、"132"、"apple132" 等都是字符串。需要注意的是，""（空串，零个字符）也是字符串，"a" 是字符串，而 'a' 是字符。string 并不是 C++ 语言本身具有的基本类型，使用时必须引入头文件 #include <string>。同学们，不妨自己试试。

> 在 if 语句中又包含一个或多个 if 语句，称为 if 语句的嵌套。

应注意 if 与 else 的配对关系，else 总是与离它最近的 if 相匹配（就近匹配原则），形成一个完整的语句，如图 15.2 所示。

```
if（表达式）
    if（表达式）
    else
else
    if（表达式）
    else
```

图 15.2

📖 英汉小词典

const ['kɒnst]   常变量；常量
string [strɪŋ]   字符串

❓ 动动脑

1.下面信息使用时，一般情况下定义为字符串 string 类型的是（   ）。

    A. 姓名   B. 体重   C. 年龄   D. 身高

2. 阅读程序写结果。

```cpp
#include <iostream>
using namespace std;
int main()
{
    int x, y=0;
    cin>>x;
    if(x<10) y=1;
    else if(x<100) y=2;
        else y=3;
    cout << y;
    return 0;
}
```

x	y

输入：10

输出：_____

3. 完善程序。

输入一个数，若大于零，则输出"正数"；若等于零，则输出"零"；若小于零，则输出"负数"。

```cpp
#include <iostream>
using namespace std;
int main()
{
    float x;            // 浮点数
    cout << "x=";
    cin>>x;
    if(_____) cout << " 零 ";
    else if(_____) cout << " 正数 ";
        else cout << " 负数 ";
    return 0;
}
```

第 16 课 开灯关灯

——逻辑变量

尼克家里的灯，全是线型开关的，拉一下开，再拉一下关。尼克觉得很好玩，有一次连拉了 5 下，这时灯是亮的还是灭的呢？（未拉之前，灯是灭的。）

试编一个程序，算一算灯是亮的还是灭的。

存储类似灯亮或灯灭、是男还是女等结果只有两种可能的数据时，可以使用逻辑型变量。

逻辑型变量用关键字 bool 定义，所以又称为布尔变量，其值只有两个，false（假）和 true（真）。false 和 true 是逻辑常量，又称为布尔常量。

流程图如图 16.1 所示。

```cpp
#include <iostream>
using namespace std;
int main()
{
  bool light=false;
  light =!light;              // 拉一下开关
  light =!light;              // !true 的值为 false
  light =!light;              // !false 的值为 true
  light =!light;
  light =!light;
  if (light)
    cout << " 灯亮 ";
  else
    cout << " 灯灭 ";
  return 0;
}
```

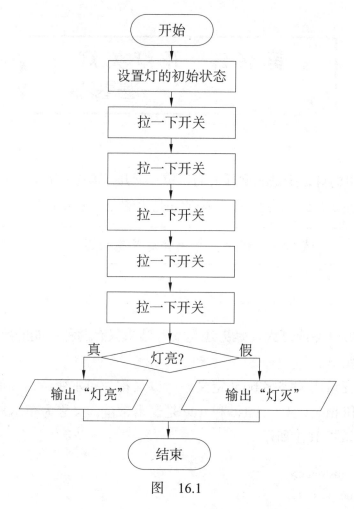

图　16.1

运行结果：

灯亮

　　像 "!light" 这种表达式又称为逻辑表达式或布尔表达式。逻辑表达式的值是一个逻辑量 "真" 或 "假"，在给出逻辑运算结果时，以数值 1 代表 "真"，以 0 代表 "假"。但在判断一个表达式逻辑量是否为 "真" 时采取的标准是：如果其值是 0 就认为是 "假"，其值是非 0 就认为是 "真"。

　　📖 英汉小词典

bool [bʊl]　布尔

false [fɔːls]　假

true [truː]　真

? 动动脑

1. 表达式（5==6）的值是（　　　　）。

    A. true   B. false   C. 1   D. 2

2. 阅读程序写结果。

```cpp
#include <iostream>
using namespace std;
int main()
{
  bool flag;
  int n;
  cin>>n;
  if(n%2==0) flag=true;
  else flag=false;
  if(flag) cout << "yes";
  else cout << "no";
  return 0;
}
```

flag	n

输入：12

输出：＿＿＿＿＿＿＿＿

3. 完善程序。

格莱尔家里有 7 扇房门，编号分别为 1 到 7。格莱尔的爸爸把所有的门都打开，格莱尔的妈妈把所有编号是 2 的倍数的房门作相反的处理（原来开着的门关上，原来关上的门打开），格莱尔把所有编号是 3 的倍数的房门作相反的处理，问共有几扇门是开着的？

```cpp
#include <iostream>
using namespace std;
int main()
{
  bool door1, door2, door3, door4, door5, door6, door7;
  int s=0;
  door1=door2=door3=door4=door5=door6=door7=true;
```

```
        door2=!door2;
        door4=!door4;
        door6=!door6;
        _____;
        door6=!door6;
        if(door1) s++;
        if(door2) s++;
        if(door3) s++;
        _____;
        if(door5) s++;
        if(door6) s++;
        if(door7) s++;
        cout << s << endl;
        return 0;
}
```

第 17 课　欧耶欧耶
——逻辑运算符

尼克、格莱尔玩报数游戏，若尼克报的数是 3 和 5 的公倍数，格莱尔就说 "欧耶欧耶"，其他数则不出声。

试编一个程序，输入一个整数，若是 3 和 5 的公倍数，则输出 "欧耶欧耶"。

流程图如图 17.1 所示。

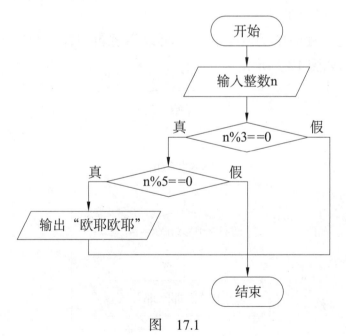

图　17.1

```cpp
#include <iostream>
using namespace std;
int main()
{
    int n;
```

```
cout << " 请输入一个整数 : ";
cin>>n;
if(n%3==0)
    if(n%5==0) cout << " 欧耶欧耶 " << endl;
return 0;
}
```

运行结果：

① 请输入一个整数：<u>30</u>↙
　　欧耶欧耶
② 请输入一个整数：<u>10</u>↙

　　这个问题的条件有两个，能被 3 整除（这个数除以 3 的余数为 0）且能被 5 整除（这个数除以 5 的余数为 0），即 n%3==0 和 n%5==0 这两个条件都要满足。这时需要用到表示"而且"的逻辑运算符 &&（逻辑与），即 n%3==0 && n%5==0。

　　因此，上面程序中的两个 if 语句可以用逻辑与连接起来，变成一个 if 语句，流程图如图 17.2 所示。

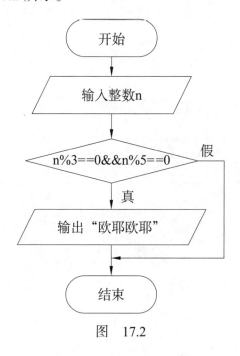

图　17.2

```
#include <iostream>
using namespace std;
```

```
int main()
{
    int n;
    cout << " 请输入一个整数 : ";
    cin>>n;
    if(n%3==0&&n%5==0) cout << " 欧耶欧耶 " << endl;
    return 0;
}
```

运行结果：

① 请输入一个整数：45 ↙

　　欧耶欧耶

② 请输入一个整数：8 ↙

　　　　　逻辑运算符与（&&）、或（||）、非（!），被称为"与或非三兄弟"，如表 17.1 所示。

表　17.1

逻辑与	逻辑或	逻辑非
&&	||	!

1. 逻辑与

当表达式进行逻辑与（&&）运算时，两个或多个条件中，只有所有的值均为 true，整个表达式的值才为 true；只要有一个条件为 false，整个表达式的值就为 false，如表 17.2 所示。

表　17.2

a	b	a&&b
false(0)	false(0)	false(0)
false(0)	true(非 0)	false(0)
true(非 0)	false(0)	false(0)
true(非 0)	true(非 0)	true (1)

2. 逻辑或

当表达式进行逻辑或（||）运算时，两个或多个条件中，只要有一个值

为 true，整个表达式的值就为 true；只有所有条件都为 false 时，表达式的值才为 false，如表 17.3 所示。

表 17.3

a	b	a||b
false(0)	false(0)	false(0)
false(0)	true(非 0)	true (1)
true(非 0)	false(0)	true (1)
true(非 0)	true(非 0)	true (1)

3. 逻辑非

当表达式进行逻辑非（！）运算时，！true 的值为 false，!false 的值为 true，如表 17.4 所示。

表 17.4

a	!a
false(0)	true (1)
true(非 0)	false(0)

其他逻辑运算符小学阶段暂不涉及。

❓ 动动脑

1. 判断整数 n 不能被 3 整除的表达式，下列（   ）是错误的。

A. n%3!=0   B. (n%3==1\|\|n%3==2)

C. !(n%3==0)   D. (n%3==1&&n%3==2)

2. 阅读程序写结果。

```cpp
#include <iostream>
using namespace std;
int main()
{
    int n;
    int s=0;
    cin>>n;
```

```
if(n%3==0||n%5==0) s++;
cin>>n;
if(n%3==0&&n%5==0) s++;
cin>>n;
if(!(n%5==0)) s++;
cout << s;
return 0;
}
```

n	s

输入：15 15 15

输出：_____

3. 完善程序。

再模拟 "比尔庄园" 登录，输入正确的用户名和密码，输出欢迎语句 "亲爱的小朋友，欢迎你！"，否则提示 "用户名或密码不正确！"。

```
#include <iostream>
#include <string>
using namespace std;
int main()
{
  const int USER=201701;
  const string PSW="Computer2020@sina.com";
  int user;
  string psw;
  cout << " 用户名 : ";
  _____;
  cout << " 密码 : ";
  cin>>psw;
  if(_____)
    cout << " 亲爱的小朋友 , 欢迎你！ " << endl;
  else
    cout << " 用户名或密码不正确！ ";
  return 0;
}
```

第18课　闰年与平年
——逻辑运算符的优先级

　　地球绕太阳运行一周的时间为365天5小时48分46秒，即一回归年。公历的平年只有365日，比回归年短约0.2422日，每年余下的时间积累起来，四年就是23小时15分4秒，已接近一天，把这一天加到二月份中使其成为29天，并称这一年为闰年。按照每四年一个闰年计算，过四百年就会多出大约3.12天，因此规定整百数的年份必须是400的倍数才是闰年，这就是通常所说的：四年一闰，百年不闰，四百年再闰。

　　试编一个程序，输入一个年份，判断是闰年还是平年。

　　判断闰年的条件是：年份能被4整除但是不能被100整除或者能被400整除。

　　流程图如图18.1所示。

```cpp
#include <iostream>
using namespace std;
int main()
{
  bool flag;
  int year;
  cout << " 请输入一个年份 : ";
  cin>>year;
  if((year%4==0&&year%100!=0)||year%400==0)
    flag=true;
  else
    flag=false;
  if(flag)
    cout << year << " 是闰年 " << endl;
```

```
else
    cout << year << " 是平年 " << endl;
return 0;
}
```

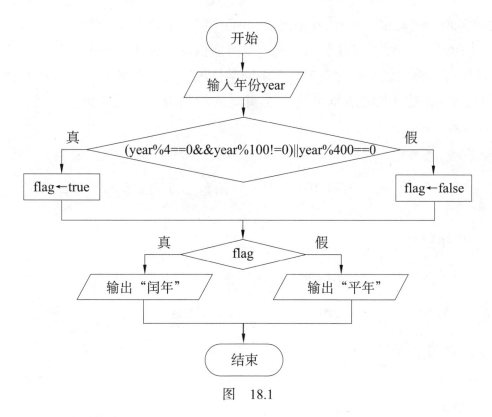

图 18.1

运行结果：

① 请输入一个年份：2020 ↙
   2020 是闰年
② 请输入一个年份：2018 ↙
   2018 是平年

很多刚学的同学会把最后一个 if 语句写成：

```
if (flag==true)
    cout << year << " 是闰年 " << endl;
else
    cout<<year<<" 是平年 "<<endl;
```

从语法、逻辑、运行结果的角度看，都没有错，但是"flag==true"的结果是布尔型，和 flag 是一样的，直接写"flag"简洁一点。

当然把表达式写成"flag==1"，也是可以的。

程序中的（year%4==0&&year%100!=0）||year%400==0，也可以写成 year%400==0||year%4==0&&year%100!=0（但不推荐这种写法）。

有些同学很难看懂这个表达式，要弄明白这个表达式，我们先来学习一下逻辑运算符三兄弟的优先级。许多同学认为它们是平级的，其实并不是这样的，而是逻辑非的级别最高，逻辑或的级别最低。优先级由高到低为：! → && → ||。

小提示

在编写程序时，可以用小括号来提高程序的可读性、可靠性。

❓动动脑

1. 在 C++ 中，表达式 (11>12) && (12<15)|| (13+2==15) 的值是 (   )。

    A. 10   B. 0   C. true   D. false

2. 阅读程序写结果。

```
#include <iostream>
using namespace std;
int main()
{
    int x, y;
    cin>>x>>y;
    if(x>y&&y!=0) cout << x/y << endl;
    else if(x!=0) cout << y/x << endl;
    return 0;
}
```

x	y

输入：96   10

输出：_____

3. 完善程序。

风之巅小学每学期都要进行"吃好、睡好、心情好"的"新三好学生"评比。评比时需要对"吃好""睡好""心情好"这三项进行量化打分，80 分及以上为优秀，三项都达到优秀的就评为"新三好"，只有两项优秀的则被评为"双优生"。编一程序，输入某位同学的每项分值，判断是"新三好"还是"双优生"。

输入：95 98 100　　　　输入：75 95 85

输出：新三好　　　　　　输出：双优生

```cpp
#include <iostream>
using namespace std;
int main()
{
  int eat,sleep,mood;
  cin>>eat>>sleep>>mood;
  if(_____)
    cout<<" 新三好 ";
  else
    if(eat<80&&sleep>=80&&mood>=80||_____)
      cout<<" 双优生 ";
  return 0;
}
```

第19课 比大小
——复合语句

试编一个程序，输入两个整数，比较大小，并按从小到大的顺序输出。

当 a 小于或等于 b 时，先输出 a，再输出 b；否则先输出 b，再输出 a。流程图如图 19.1 所示。

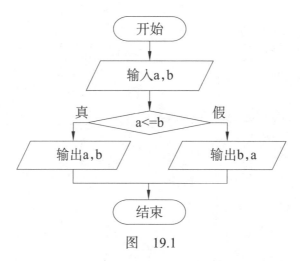

图　19.1

```
#include <iostream>
using namespace std;
int main()
{
  int a, b;
  cout << "a, b=";
  cin>>a>>b;
  if (a<=b)
    cout << a << "   " << b << endl;
  else
```

```
        cout << b << "    " << a << endl;
    return 0;
}
```

运行结果：

① a, b = <u>1 2</u>✓
    1   2
② a, b = <u>2 1</u>✓
    1   2

> 再想一想，还有没有其他方法？

第1步先判断a是否大于b，当a大于b时，用"阿布拉卡达布拉"咒语，交换a和b的值；第2步输出a与b。流程图如图19.2所示。

```cpp
#include <iostream>
using namespace std;
int main()
{
    int a, b, t;
    cout << "a, b=";
    cin>>a>>b;
    if (a> b)
    {
        t=a;
        a=b;
        b=t;
    }
    cout << a << "    " << b << endl;
    return 0;
}
```

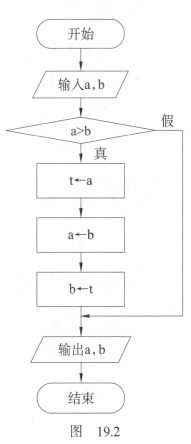

图　19.2

运行结果：

① a, b = <u>10 20</u>✓
    10 20

②a, b = <u>20 10</u> ✓
　　　　10 20

使用"阿布拉卡达布拉"咒语，交换变量 a 和 b 的值需要 3 个语句，所以用"{}"把 3 个语句括起来，变成一个整体，成为一个复合语句。当条件为真时，才执行此复合语句。

若在 if-else 之间写了多个语句，而未用"{}"括起来变成一个整体，系统会提示出错：'else' without a previous 'if'。

小提示

编写程序时要注意适当的缩进，采用"逐层缩进"，使程序清晰易读。

📖 英汉小词典

'else' without a previous 'if'　'else' 前面没有一个 'if'

❓ 动动脑

1.判断 a 不等于 0，且 b 等于 0 的正确的逻辑表达式是（　　）。

A. a!=0&&b==0   B. !(a!=0&&b=0)

C. !(a==0&&b==0)   D. a!==0||b!==0

2.阅读程序写结果。

```
#include <iostream>
using namespace std;
int main()
{
    char ch;
    int sum, n;
    cin>>ch;
    sum=0;
    if(ch>='a'&&ch<='z')
    {
        n=ch-'a'+1;
        sum+=n;
    }
```

ch	sum	n

```
else
   sum=27;
cout << sum;
return 0;
}
```

输入：b

输出：_____

3. 完善程序。

设当前电梯停在第 10 层，此时第 20 层和第 7 层同时有人按下按钮，电梯总是选择离它近的楼层，于是先服务在第 7 层的人，再服务第 20 层的人。编程模拟电梯调度，输入 3 个数，第 1 个数表示电梯当前停在的楼层，后两个数表示同时需要使用电梯的楼层，按服务先后的次序输出楼层。

```
#include <iostream>
using namespace std;
int main()
{
  int n, n1, n2, len1, len2;
  cout << " 输入当前电梯停在的楼层 : ";
  cin>>n;
  cout << " 输入同时需要服务的两个楼层 : ";
  cin>>n1>>n2;
  if(n-n1>0)
    len1=n-n1;
  else
    len1=n1-n;
  if(n-n2>0)
    _____;
  else
    len2=n2-n;
  if(_____)
    cout << n1 << "--->" << n2;
  else
    cout << n2 << "--->" << n1;
  return 0;
}
```

第 20 课 孔融让梨
——求 3 个整数中最小值

孔融小时候聪明好学，才思敏捷，大家都夸他是神童。一日，父亲叫孔融分梨，孔融挑了个最小的梨，其余按照长幼顺序分给兄弟。孔融说："我年纪小，应该吃小的梨，大梨该给哥哥们。"父亲又问："那弟弟比你小啊？"孔融说："弟弟比我小，我应该让着他。"父亲听了高兴得点头称赞。

试编一程序，输入三个整数，表示梨的重量，输出最小的数。

若 a 小于等于 b 而且 a 小于等于 c，那么 a 就是最小值，如图 20.1 所示。

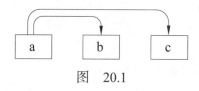

图 20.1

若 b 小于等于 a 而且 b 小于等于 c，那么 b 就是最小值，如图 20.2 所示。

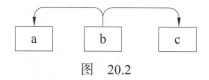

图 20.2

若 c 小于等于 a 而且 c 小于等于 b，那么 c 就是最小值，如图 20.3 所示。

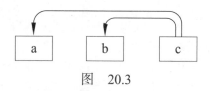

图 20.3

经过这样 3 次判断，就能求出最小值，流程图如图 20.4 所示。

```cpp
#include <iostream>
using namespace std;
int main()
{
    int a, b, c, min;
    cout << "a b c=";
    cin>>a>>b>>c;
    if(a<=b&&a<=c) min=a;
    if(b<=a&&b<=c) min=b;
    if(c<=a&&c<=b) min=c;
    cout << "min=" << min << endl;
    return 0;
}
```

运行结果：

a b c = 3 5 4 ↙

min = 3

想一想，还有没有其他方法？

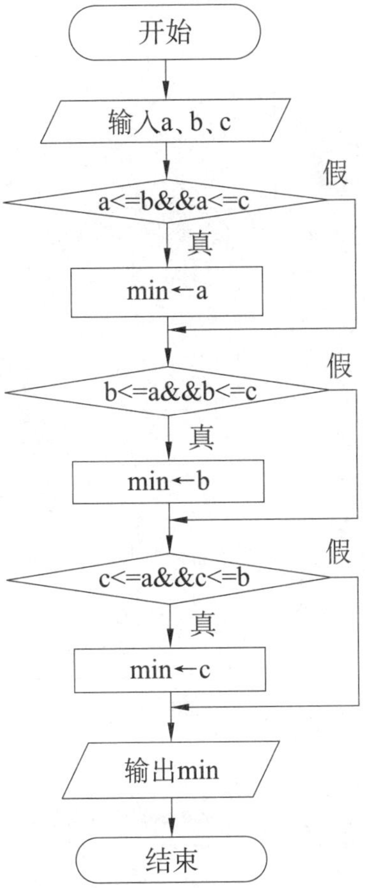

图　20.4

如图 20.5 所示，先找出 a 和 b 中较小的那个数，把较小的数赋值给 min，然后再让 min 和 c 比较，找出最小值，流程图如图 20.6 所示。

```cpp
#include <iostream>
using namespace std;
int main()
{
    int a, b, c, min;
    cout << "a b c=";
    cin>>a>>b>>c;
    if(a<b) min=a;
    else min=b;
    if(c<min) min=c;
    cout << "min=" << min << endl;
    return 0;
}
```

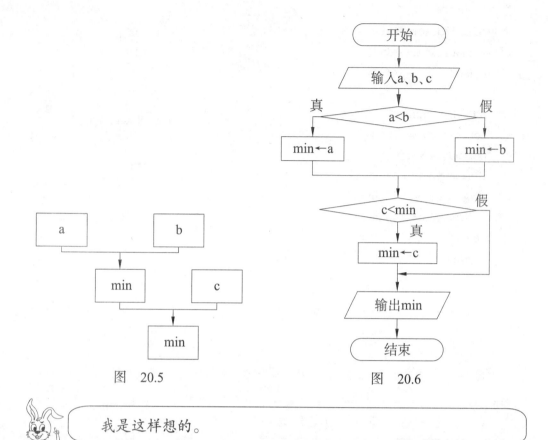

图　20.5

图　20.6

我是这样想的。

如图 20.7 所示，先假设第一个数 a 为最小值，把它赋值给 min；然后和第二个数 b 比较，若 b 比 min 小，就把第二数 b 赋值给 min；再和第三个数 c 比较，若第三个数 c 比 min 小，就把第三数 c 赋值给 min，有点儿类似打擂台，流程图如图 20.8 所示。

```cpp
#include <iostream>
using namespace std;
int main()
{
    int a, b, c, min;
    cout << "a b c=";
    cin>>a>>b>>c;
    min=a;
    if(b<min) min=b;
    if(c<min) min=c;
```

```
    cout << "min=" << min << endl;
    return 0;
}
```

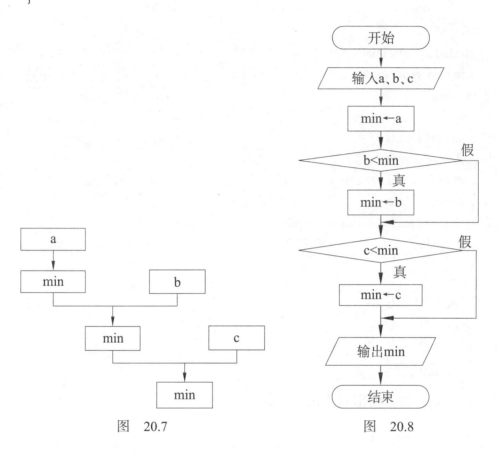

图 20.7　　　　　　　　　　图 20.8

三种解题思路，三种算法，三个程序，你最喜欢哪一种？为什么呢？

通俗地讲，程序算法就是为解决某一特定问题而采取的具体有限的操作步骤。

？动动脑

1. 下列关于算法的叙述不正确的是（　　）。

　　A. 算法的每一步必须没有歧义，不能有半点含糊

　　B. 算法必须有输入

C. 同一问题可能存在多种不同的算法

D. 同一算法可以用多种不同的形式来描述

2. 阅读程序写结果。

```
#include <iostream>
using namespace std;
int main()
{
    int a, b, c, max;
    cin>>a>>b>>c;
    if(a>b) max=a;  else max=b;
    if(c>max) max=c;
    cout << "max=" << max << endl;
    return 0;
}
```

a	b	c	max

输入：100 10 200

输出：_____

3. 完善程序。

输入 4 个数，输出其中最大的数。

```
#include <iostream>
using namespace std;
int main()
{
    float a, b, c, d, max;
    cout << "a, b, c, d=";
    cin>>a>>b>>c>>d;
    _____;
    if(b>max) max=b;
    if(_____) max=c;
    if(d>max) max=d;
    cout << "max=" << max << endl;
    return 0;
}
```

第 21 课 田 忌 赛 马
——3 个数排序

齐国大将田忌，很喜欢赛马。有一回，他和齐威王约定，要进行一场比赛。他们商量好，把各自的马分成上、中、下三等。刚开始时，田忌以自己的上等马对齐威王的上等马，中等马对中等马，下等马对下等马，田忌输了。后来在孙膑的建议下，田忌以下等马对齐威王的上等马，上等马对中等马，中等马对下等马，田忌赢了。

> 试编一程序，输入三个数，表示三匹马跑 100 米的秒数，时间越小速度越快，请将秒数按由小到大的顺序输出。

如图 21.1 所示，先让 a 和 b 相比较，若 b 比 a 小，那么就交换它们的值；然后将 a 和 c 比较，若 c 比 a 小，那么就交换它们的值。经过这两次比较，就把最小的数存储在 a 中了。

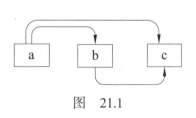

图 21.1

接着让 b 和 c 比较，若 c 比 b 小，那么就交换它们的值，再经过这次比较，b 就存储了较小的数。

剩下的 c，就是最大的数了。流程图如图 21.2 所示。

```cpp
#include <iostream>
using namespace std;
int main()
{
    float a, b, c, temp;
    cout << "a, b, c=";
    cin>>a>>b>>c;
    if(a>b)
    {
        temp=a;
```

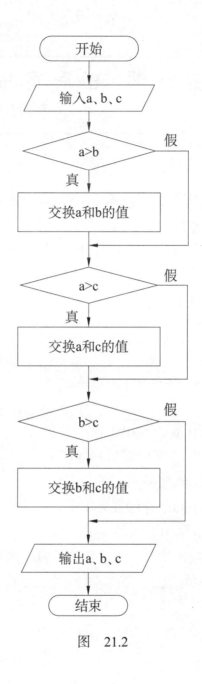

图　21.2

```
    a=b;
    b=temp;
  }
if(a>c)
{
  temp=a;
  a=c;
  c=temp;
```

```
    }
    if(b>c)
    {
      temp=b;
      b=c;
      c=temp;
    }
    cout << a <<'' << b <<'' << c << endl;     //'' 中间有一个空格
    return 0;
}
```

阿布拉卡达布拉。

运行结果：

a, b, c = 8 6 7↙
6 7 8

❓动动脑

1. 在计算机工作过程中，若突然停电，(　　) 中的信息不会丢失。

   A. ROM 和 RAM　　　　B. CPU　　　C. ROM　　　D. RAM

2. 阅读程序写结果。

```
#include <iostream>
using namespace std;
int main()
{
  int x, y;
  y=0;
  cin>>x;
  if(x<0)
    y=x;
  else
  {
    y=x*x;
    y+=(x+1)*(x+1);
  }
```

x	y

```
    cout << y;
    return 0;
}
```

输入：3

输出：_____

3. 完善程序。

输入 4 个字母，按字典顺序输出它们。

```
#include <iostream>
using namespace std;
int main()
{
  char a1, a2, a3, a4, temp;
  cin>>a1>>a2>>a3>>a4;
  if(a1>a2)
  {
    temp=a1;
    _____;
    a2=temp;
  }
  if(a1>a3)
  {
    temp=a1;
    a1=a3;
    a3=temp;
  }
  if(_____)
  {
    temp=a1;
    a1=a4;
    a4=temp;
  }
  if(a2>a3)
  {
    temp=a2;
```

```
    a2=a3;
    a3=temp;
  }
  if(a2>a4)
  {
    temp=a2;
    a2=a4;
    a4=temp;
  }
  if(_____)
  {
    temp=a3;
    a3=a4;
    a4=temp;
  }
  cout << a1 <<" " << a2 <<" " << a3 <<" "  << a4 << endl;
  return 0;
}
```

第 22 课　抽　奖

——随机函数 rand( )

计算机随机产生一个整数（1 至 5），自己输入一个整数，若两数相同，则输出"恭喜您，中奖了！奖金 10 元"，否则输出"没中奖，请付费 2 元"，同时公布中奖号码。

　　试编一程序，实现上述功能。

让我们先来认识一个新朋友——随机函数 rand()。rand() 函数返回的值是一个大于等于 0 且小于等于 RAND_MAX 的随机整数。RAND_MAX 是一个符号常量（通俗地讲，符号常量就是"替代"，即用一个标识符来替代常量），它的值与操作系统、编译器等有关，若在 Windows 操作系统下的 Dev-C++ 中其值为 32767。若在 Linux 操作系统下的 g++ 中其值为 2147483647。在使用随机函数 rand() 前，需要包含 cstdlib 头文件，即 #include <cstdlib>。

```cpp
#include <iostream>
#include <cstdlib>              // 需要调用 rand() 函数
using namespace std;
int main()
{
    int a;
    a=rand();
    cout << a;
    return 0;
}
```

　　　　试一试 cout<<RAND_MAX;

运行结果：

41（该结果是随机的）

此程序每次运行，运行结果是不变的，每次产生的随机数是相同的。

若需要每次运行，得到不同的随机数，则需要用 srand() 来设置随机种子。srand(time(0)) 设置当前的系统时间值为随机种子，由于系统时间是变化的，那么种子也是变化的。同时，还需要包含 ctime 头文件，即 #include <ctime>。

要产生一个 [a，b] 的随机整数，就要使用通用公式：

rand()%(b−a+1)+a

rand()%5+1 可以产生一个 [1，5] 的随机整数。

抽奖程序的流程图如图 22.1 所示。

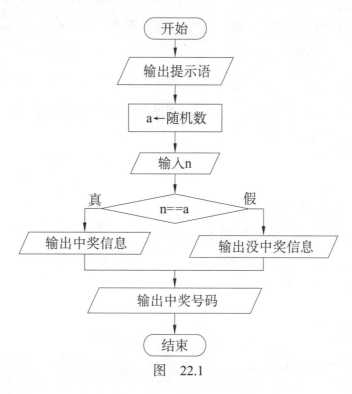

图　22.1

```
#include <iostream>
#include <ctime>                        // 需要调用 time() 函数
#include <cstdlib>                      // 需要调用 srand() 和 rand() 函数
using namespace std;
int main()
{
    int n, a;
    cout << " 抽奖程序 " << endl;
    cout << " 请输入 1～5 中的任一整数 : ";
    cin>>n;
    srand(time(0));                     // 随机种子
```

```
a=rand()%5+1;                    // 随机产生 1 至 5 的整数
if(n==a) cout << " 恭喜您，中奖了！奖金 10 元。" << endl;
else cout << " 没中奖，请付费 2 元。" << endl;
cout << " 中奖号码是 " << a << endl;
return 0;
}
```

运行结果：

① 抽奖程序
　　请输入 1～5 中的任一整数：3 ↙（假设此次产生的随机数是 2）
　　没中奖，请付费 2 元。
　　中奖号码是 2
② 抽奖程序
　　请输入 1～5 中的任一整数：4 ↙（假设此次产生的随机数是 4）
　　恭喜您，中奖了！奖金 10 元。
　　中奖号码是 4

📖 英汉小词典

rand　[rænd]　random（随机）的缩写
srand　[srænd]　设置随机种子
time　[taɪm]　时间

❓ 动动脑

1. 一个字节 (byte) 由（　　　）个二进制位组成。

　　A. 8　　　　　　　　B. 4　　　　　　　　C. 2　　　　　　　　D. 16

2. 阅读程序写结果。

```
#include <iostream>
#include <ctime>
#include <cstdlib>
using namespace std;
int main()
{
    int x;
```

```
srand(time(0));
x=rand()%10;
if(x<10) x=10;
if(x==10) x--;
if(x>10) x--;
if(x!=10) x--;
cout << x;
return 0;
}
```

x
_____

输出：_____

3. 完善程序。

一道两位数加法运算题：第一步，由计算机产生两个两位数；第二步，输出题目，如"45+78="；第三步，输入答案；第四步，判断答案是否正确。

```
#include <iostream>
#include <ctime>               // 需要调用 time() 函数
#include <cstdlib>             // 需要调用 srand() 和 rand() 函数
using namespace std;
int main()
{
  int n, a, b;
  srand(time(0));
  a=_____;
  b=_____;
  cout << a << '+' << b << '=';
  cin>>n;
  if(_____) cout << " 对 ";
  else cout << " 错 ";
  return 0;
}
```

第 23 课 打车费用
——if 语句的应用

周末，格莱尔和爸爸打车到游乐场玩。打车计价方案为：2 千米以内起步是 6 元；超过 2 千米之后按 1.8 元 / 千米计价；超过 10 千米之后在 1.8 元 / 千米的基础上加价 50%，如图 23.1 所示。此外，停车等候则按时间计费：每 3 分钟加收 1 元（注：不满 3 分钟不计费）。

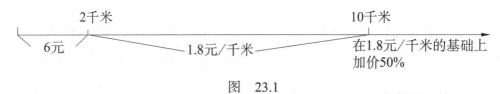

图　23.1

试编一程序，计算格莱尔需要付的打车费是多少元？

流程图如图 23.2 所示。

```cpp
#include <iostream>
using namespace std;
int main()
{
    int lucheng, shijian;
    float feiyong=0;
    cin>>lucheng;
    if(lucheng>10)
        feiyong=6+(10-2)*1.8+(lucheng-10)*1.8*1.5;
    else
        if(lucheng>2)
            feiyong=6+(lucheng-2)*1.8;
        else
            feiyong=6;
```

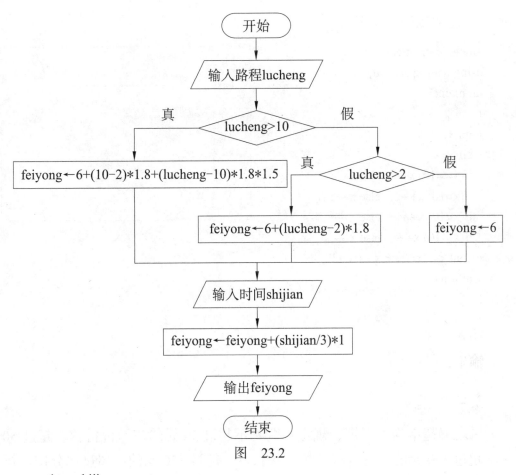

图 23.2

```
cin>>shijian;
feiyong+=(shijian/3)*1;
cout << feiyong << endl;
return 0;
}
```

运行结果：

① 1↙   ② 8↙
  3↙   3↙
  7   17.8

❓ 动动脑

1. 下列（   ）是字符型数据。

    A. a   B. '3'   C. "good"   D. 3

2. 阅读程序写结果。

```cpp
#include <iostream>
using namespace std;
int main()
{
  int x;
  cin>>x;
  if(x==10) x++;  else x--;
  if(x>10) x++;    else x--;
  if(x<10) x++;    else x--;
  if(x!=10) x++;   else x--;
  cout << "x=" << x << endl;
  return 0;
}
```

_____ x _____

输入：10

输出：_____

3. 完善程序。

风之巅超市为了促销，规定：购物不超过 50 元的按原价付款，超过 50 元不超过 150 元的，超过部分按九折付款，超过 150 元的，超过部分按八折付款。编一程序完成超市的自动计费的工作。（100 的九折就是 100×0.9=90，100 的八折就是 100×0.8=80。）

```cpp
#include <iostream>
using namespace std;
int main()
{
  float n, m;
  _____;
  if(n<50) m=n;
  else if(n<=150) _____;
      else m=50+100*0.9+(n-150)*0.8;
  cout << m;
  return 0;
}
```

第 24 课 体质指数 *BMI*
——bug 与 debug

　　体质指数（BMI）由 19 世纪中期比利时的通才凯特勒最先提出，是目前国际上常用的衡量人体胖瘦程度以及是否健康的一个标准，如表 24.1 所示。它的计算方法如下：

　　　　体质指数（BMI）= 体重（kg）÷ 身高（m）的平方

　　如果一个成年人的体重是 62kg，身高为 1.67m，那么体质指数（BMI）为 62 ÷（1.67 × 1.67）=22.23，属于正常范围。

表　24.1

胖 瘦 程 度	BMI（中国标准）
偏瘦	BMI < 18.5
正常	18.5 ≤ BMI < 24
偏胖	24 ≤ BMI < 28
肥胖	28 ≤ BMI < 40
极重度肥胖	BMI ≥ 40

　　　　以上标准只适合于成年人，试编一程序，根据体重、身高，判断其胖瘦程度。

　　流程图如图 24.1 所示。

```cpp
#include <iostream>
using namespace std;
int main()
{
    float height, weight, bmi;
    cout << " 身高 (m): ";
    cin>>height;
    cout << " 体重 (kg): ";
```

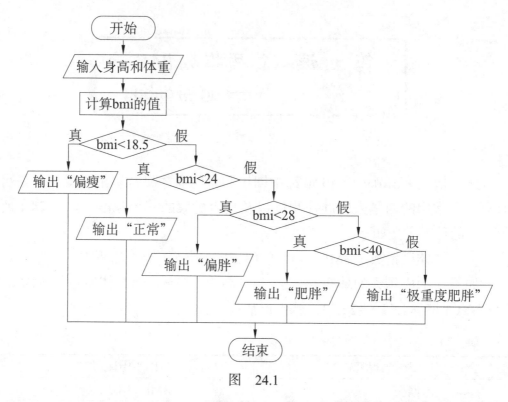

图　24.1

```
cin>>weight;
bmi=weight/(height*height);
if(bmi<18.5)
   cout << " 偏瘦 ";
else if(bmi<24)
     cout << " 正常 ";
   else if(bmi<28)
        cout << " 偏胖 ";
      else if(bmi<40)
           cout << " 肥胖 ";
         else
           cout << " 极重度肥胖 ";
return 0;
}
```

运行结果：

① 身高（m）：1.71✓
体重（kg）：62✓
正常

② 身高（m）：-1.71↙
　体重（kg）：62↙
　正常
③ 身高（m）：20↙
　体重（kg）：165↙
　偏瘦

　　本程序运行时输入的数据存在问题，如运行结果②输入负数，运行结果③输入不太现实的数据。任何一个程序，都是有数据范围要求的，超出了数据范围，程序可能就不对了。在参加全国青少年信息学奥林匹克联赛（NOIP）等竞赛上机编程时，会发现每道题目都会给出数据范围，这就要求我们在设计算法时，要根据数据范围做更加全面细致的考虑，否则程序会出现 bug。

　　说到 bug，这背后有一个有趣的故事：有一天，美国海军准将、计算机女科学家、世界最早的一批程序设计师葛丽丝·霍波（Grace Hopper），在调试设备时出现故障，拆开继电器后，发现有一只飞蛾被夹扁在触点中间，从而"卡"住了机器的运行。于是，霍波诙谐地把程序故障统称为"臭虫（bug）"，把排除程序故障叫 debug，而这奇怪的"称呼"，竟成为后来计算机领域的专业术语。

❓ 动动脑

1. 下面（　　）公司制造了全球第一枚 CPU。

　A. 腾讯　　　　　B. 英特尔　　　　　C. 威盛　　　　　D. AMD

2. 阅读程序写结果。

a	b	c

```
#include <iostream>
using namespace std;
int main()
{
  int a, b, c;
  cin>>a>>b>>c;
  if(b!=0)
    if(a/b>c)
      cout << a << '/' << b << '-' << c << '=' << a/b-c << endl;
    else
      cout << c << '-' << a << '/' << b << '=' << c-a/b << endl;
```

```
    return 0;
}
```

输入：10 5 1

输出：＿＿＿＿＿＿＿＿

3. 完善程序。

格莱尔家有一台海尔洗衣机，她在阅读使用说明书时发现洗衣机有故障代码提示功能：E1 排水故障，E2 未关好门，E4 进水异常，E8 超过报警水位。她编写了一个程序，实现故障代码查询功能。

```cpp
#include <string>
#include <iostream>
using namespace std;
int main()
{
  string n;
  cout << " 海尔洗衣机故障代码查询系统 " << endl;
  cout << " 请输入代码 : ";
    ＿＿＿＿＿＿＿＿＿＿＿＿;
      if(n=="E1"||n=="e1")
        cout << " 排水故障 " << endl;
      else
        if(＿＿＿＿＿＿)
          cout << " 未关好门 " << endl;
        else
          if(n=="E4"||n=="e4")
            cout << " 进水异常 " << endl;
          else
            if(n=="E8"||n=="e8")
              cout << " 超过报警水位 " << endl;
            else
              cout << " 未查询到此错误代码 , 请联系当地经销商 " << endl;
  return 0;
}
```

第 25 课 成绩等级
——switch 语句

风之巅小学规定，若测试成绩大于或等于 90 分为 "A"，大于或等于 70 分小于 90 分为 "B"，大于或等于 60 分小于 70 分为 "C"，60 分以下为 "D"。

试编一程序，输入一个成绩，输出它的等级。

流程图如图 25.1 所示。

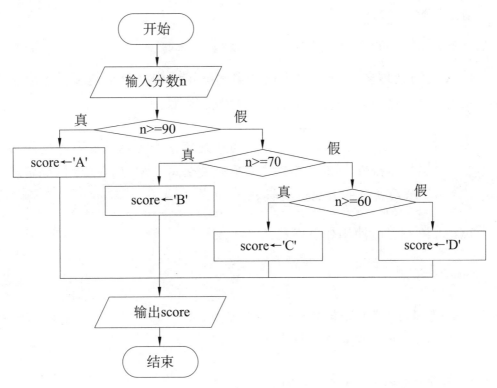

图 25.1

```
#include <iostream>
using namespace std;
int main()
{
    int n;
    char score;
    cout << " 请输入分数 : ";
    cin>>n;
    if(n>=90) score='A';
    else if(n>=70) score='B';
        else if(n>=60) score='C';
            else score='D';
    cout << score;
    return 0;
}
```

运行结果：

请输入分数：99↙
A

用 if 语句处理多个分支时需使用 if-else-if 结构，分支越多，嵌套的 if 语句层就越多，程序不但庞大而且理解也比较困难。

　　C++ 提供了一个专门用于处理多分支结构的条件选择语句，称为 switch 语句，又称开关语句。它可以很方便地实现深层嵌套的 if-else 逻辑。

switch 语句一般使用如下格式：

```
switch( 表达式 )
{
    case 常量表达式 1: 语句 1; break;
    case 常量表达式 2: 语句 2; break;
    ......
    case 常量表达式 n: 语句 n; break;
    default: 语句 n+1; break;
}
```

　　先计算 switch 表达式的值，当表达式的值与某一个 case 子句中的常量表达式相匹配时，就执行此 case 子句中的内嵌语句，并顺序执行之后的所有语句，直到遇到 break 语句为止；若所有的 case 子句中常量表达式的值都不能与 switch 表达式的值相匹配，就执行 default 子句的内嵌语句。

　　switch 后面括号内的表达式，可以是整型、字符型、布尔型。每一个 case 表达式的值必须互不相同，否则就会出现互相矛盾的现象。若各个 case 和 default 子句中都有 break 语句，则他们的出现次序不影响执行结果；case 子句中可以包含多个执行的语句，不必用花括号括起来。

　　成绩等级程序可以用分支 switch 语句来编写，流程图如图 25.2 所示。

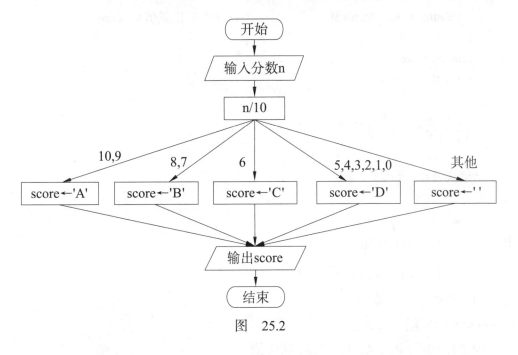

图　25.2

```cpp
#include <iostream>
using namespace std;
int main()
{
    int n;
    char score;
    cout << "请输入分数 : ";
    cin>>n;
    switch(n/10)            //n、10 是整型 , n/10 也是整型
    {
```

```
            case 10:
            case 9:  score='A'; break;
            case 8:
            case 7:  score='B'; break;
            case 6:  score='C'; break;
            case 5:
            case 4:
            case 3:
            case 2:
            case 1:
            case 0:  score='D'; break;
            default:  score=32; break;                // 一个空格赋值给 score
        }
        cout << score;
        return 0;
    }
```

运行结果：

请输入分数：85↙
B

📖 英汉小词典

switch [swɪtʃ]　条件选择；开关

case [keɪs]　情况

break [breɪk]　终止

default [dɪ'fɔ:lt]　默认；系统默认值

❓ 动动脑

1.目前计算机芯片（集成电路）制造的主要原料是（　　），它是一种可以在沙子中提炼出的物质。

    A.铜　　　　　　　　B.硅　　　　　　　C.锗　　　　　　　D.铝

2.阅读程序写结果。

```
#include <iostream>
```

```cpp
using namespace std;
int main()
{
    int m, n, ans;
    cin>>m>>n;
    switch(n)
    {
        case 0:  ans=1; break;
        case 1:  ans=m; break;
        case 2:  ans=m*m; break;
        case 3:  ans=m*m*m; break;
        case 4:  ans=m*m*m*m; break;
        default: ans=-1; break;
    }
    if(ans==-1) cout << "???" << endl;
    else cout << ans << endl;
    return 0;
}
```

m	n	ans

输入：5　3

输出：_____

3. 完善程序。

　　风之巅小学为了激发同学们学习古诗文的兴趣，举行了古诗词知识竞赛活动。比赛时，选手可以从一组 3 个题目中选一题回答，请为下面一组题目设计一个小程序。如输入 1，输出 1 号题。

（1）（　　）带雨晚来急，野渡无人舟自横。

（2）忽如一夜（　　）来，千树万树梨花开。

（3）（　　）满园关不住，一枝红杏出墙来。

```cpp
#include <iostream>
using namespace std;
int main()
{
    int n;
    cout << " 诗词大赛 " << endl;
```

```
cout << " 请选题 ( 1、2、3): ";
_____;
switch(n)
{
   case 1:  cout << "(   )带雨晚来急，野渡无人舟自横。"; break;
   case 2:  cout << " 忽如一夜（   ）来，千树万树梨花开。"; break;
   _____:  cout << "(   )满园关不住，一枝红杏出墙来。"; break;
   default: cout << " 输入不正确。"; break;
}
return 0;
}
```

第26课 王宅六味
——switch 语句的应用

浙江省金华市的王宅，有着源远流长的农耕文化，也有着令人垂涎的美味，其中寿仙菇、酒糟芋、下山笋、太师豆腐、孝子鱼、猪全福流传最久最广，称为"王宅六味"。

给"六味"按 1～6 编号，试编一个菜名查询程序，输入编号输出菜名。

流程图如图 26.1 所示。

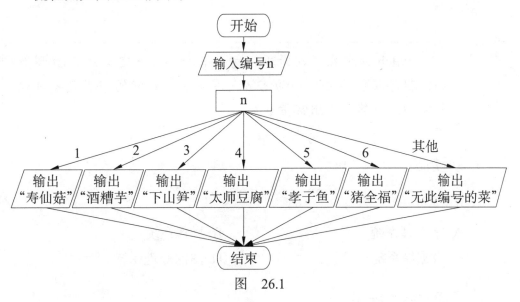

图 26.1

```
#include <iostream>
using namespace std;
int main()
{
    int n;
    cout << " 请输入编号 : ";
```

```
        cin>>n;
        switch(n)
        {
          case 1:  cout << " 寿仙菇 " << endl; break;
          case 2:  cout << " 酒糟芋 " << endl; break;
          case 3:  cout << " 下山笋 " << endl; break;
          case 4:  cout << " 太师豆腐 " << endl; break;
          case 5:  cout << " 孝子鱼 " << endl; break;
          case 6:  cout << " 猪全福 " << endl; break;
          default:  cout << " 无此编号的菜 " << endl;  break;
        }
        return 0;
}
```

运行结果：

请输入编号：4↙
太师豆腐

> switch 语句在使用时需注意，若把编号 n 定义成 float 型数据，程序就要出错。因为若 n 是浮点数，则它的个数是不可以枚举的，当然写不出常量表。

❓ 动动脑

1. Windows 是一种（　　　　）。

A. 字处理系统　　　　　　　B. 操作系统
C. 数据库系统　　　　　　　D. 图像处理系统

2. 阅读程序写结果。

```
#include <iostream>
using namespace std;
int main()
{
    int day, month, year, sum, leap;
```

```
cin>>year>>month>>day;
switch(month)
{
  case 1: sum=0; break;
  case 2: sum=31; break;
  case 3: sum=59; break;
  case 4: sum=90; break;
  case 5: sum=120; break;
  case 6: sum=151; break;
  case 7: sum=181; break;
  case 8: sum=212; break;
  case 9: sum=243; break;
  case 10: sum=273; break;
  case 11: sum=304; break;
  case 12: sum=334; break;
  default: cout << " 输入有误 !"; break;
}
sum+=day;
if(year%400==0 || (year%4==0 && year%100!=0))
  leap=1;
else
  leap=0;
if(leap==1 && month>2)
  sum++;
cout << sum << endl;
return 0;
}
```

year	month	day	leap	sum

输入：2018　8　8

输出：_____

3. 完善程序。

简单的计算器，输入两个数和一个四则运算符，输出其计算结果。

```
#include <iostream>
using namespace std;
```

```
int main()
{
    float x, y, ans;
    char f;
    cout << " 请输入两个数 : ";
    cin>>x>>y;
    cout << " 请输入一个符号 : ";
    cin>>f;
    ans=0;
    switch(_____)
    {
        case '+':  ans=x+y; break;
        case '−':  ans=x−y; break;
        case '*':  ans=x*y; break;
        case '/':  if(_____) ans=x/y;
                   else cout << " 除数不能为 0" << endl;
                   break;
    }
    if(f!='/'||y!=0) cout << ans << endl;
    return 0;
}
```

拓展阅读：冯·诺依曼

　　说到计算机的发展，就不能不提到美籍匈牙利科学家冯·诺依曼。从 20 世纪初，物理学和电子学科学家们就开始争论制造可以进行数值计算的机器应该采用什么样的结构，因为人们习惯用"十进制"计数方法，所以当时采用"十进制"研制模拟计算机的呼声更高。

　　冯·诺依曼于 1946 年提出存储程序原理，把程序本身当作数据来对待，程序和该程序处理的数据用同样的方式储存，其理论要点是：数字计算机的数制采用二进制；计算机应该按照程序顺序执行。人们把冯·诺依曼的这个理论称为冯·诺依曼体系结构。

　　从世界上第一台通用计算机埃尼阿克（ENIAC）到当前最先进的计算机采用的都是冯·诺依曼体系结构，冯·诺依曼是当之无愧的数字计算机之父。

第 **3** 单元 *for* 循环

格莱尔是勤奋的孩子，她每天都会练半小时的钢琴，也就是说，1 月 1 日练半小时的钢琴，1 月 2 日练半小时的钢琴，1 月 3 日练半小时的钢琴，……，12 月 31 日练半小时的钢琴。

每天都重复做一件事需要毅力，格莱尔真是一个了不起的孩子！

第 27 课　老狼老狼几点钟

——for 语句

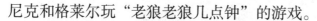

尼克和格莱尔玩"老狼老狼几点钟"的游戏。

老狼老狼几点钟？　1 点钟。

老狼老狼几点钟？　2 点钟。

老狼老狼几点钟？　3 点钟。

老狼老狼几点钟？　4 点钟。

……

老狼老狼几点钟？　11 点钟。

老狼老狼几点钟？　12 点钟。

狼来了，快跑！

　　试编一程序，输出上面的文字。

　　呵呵，太简单了，只要用 cout 语句就能实现了。

```cpp
#include <iostream>
using namespace std;
int main()
{
    cout << " 老狼老狼几点钟？　1 点钟。" << endl;
    cout << " 老狼老狼几点钟？　2 点钟。" << endl;
    cout << " 老狼老狼几点钟？　3 点钟。" << endl;
    cout << " 老狼老狼几点钟？　4 点钟。" << endl;
    cout << " 老狼老狼几点钟？　5 点钟。" << endl;
    cout << " 老狼老狼几点钟？　6 点钟。" << endl;
    cout << " 老狼老狼几点钟？　7 点钟。" << endl;
    cout << " 老狼老狼几点钟？　8 点钟。" << endl;
```

```
    cout << " 老狼老狼几点钟 ？    9 点钟。" << endl;
    cout << " 老狼老狼几点钟 ？    10 点钟。" << endl;
    cout << " 老狼老狼几点钟 ？    11 点钟。" << endl;
    cout << " 老狼老狼几点钟 ？    12 点钟。" << endl;
    cout << " 狼来了，快跑！   " << endl;
    return 0;
}
```

其中 cout<<" 老狼老狼几点钟？" 重复出现了 12 次，输入时运用复制、粘贴可以很快地完成，但是解决有些问题时，需要重复几百次、几千次或几万次，是不是只能这样做呢？

这时我们就需要使用 for 循环语句，for 循环语句最常用的格式为：

for（循环变量赋初值；循环条件；循环变量增值）
　　语句；

其中"语句；"就是循环体，可以是一个简单的语句，也可以是一个用"{}"括起来的复合语句。

它的执行过程如图 27.1 所示。

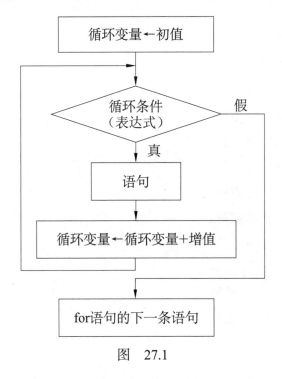

图　27.1

（1）先执行循环变量赋初值语句。

（2）再判断循环条件，若为假（值为 0），则结束循环，转到（5）；若其值为真（值非 0），则执行循环体语句。

（3）执行循环变量增值语句。

（4）转回（2）继续执行。

（5）循环结束，执行 for 语句的下一条语句。

```cpp
#include <iostream>
using namespace std;
int main()
{
  int i;
  for(i=1; i<=12; i++)
    cout << " 老狼老狼几点钟？  " << i << " 点钟。" << endl;
  cout << " 狼来了，快跑！  " << endl;
  return 0;
}
```

用 for 语句写，简洁多了！

运行结果：

老狼老狼几点钟？ 1 点钟。
老狼老狼几点钟？ 2 点钟。
老狼老狼几点钟？ 3 点钟。
老狼老狼几点钟？ 4 点钟。
老狼老狼几点钟？ 5 点钟。
老狼老狼几点钟？ 6 点钟。
老狼老狼几点钟？ 7 点钟。
老狼老狼几点钟？ 8 点钟。
老狼老狼几点钟？ 9 点钟。
老狼老狼几点钟？ 10 点钟。
老狼老狼几点钟？ 11 点钟。
老狼老狼几点钟？ 12 点钟。
狼来了，快跑！

流程图如图 27.2 所示，我们来分析一下程序的运行过程。

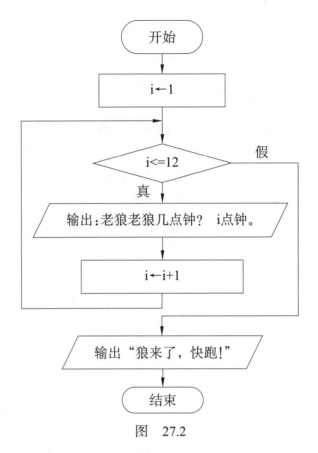

图　27.2

第 1 次，先执行循环变量赋初值语句，i 被赋初值为 1，再执行循环条件判断语句，"1<=12" 的值为真，所以执行循环体 cout 语句，然后执行循环变量增值语句，i 的值变成 2。

第 2 次，先执行循环条件判断语句，此时 i 的值为 2，"2<=12" 的值为真，所以执行循环体 cout 语句，再执行循环变量增值语句，i 的值变成 3。

……

第 12 次，先执行循环条件判断语句，此时 i 的值为 12，"12<=12" 的值为真，所以执行循环体 cout 语句，再执行循环变量增值语句，i 的值变成 13。

第 13 次，先执行循环条件判断语句，此时 i 的值为 13，"13<=12" 的值为假，所以退出 for 循环，执行 for 语句的下一条语句。

📖 英汉小词典

for [fɔː(r)]　for 循环

? 动动脑

1. 变量 i 的初值为 0，在下列语句中，每执行一次能使变量 i 的值在 1、0 两数值上交替出现的是（   ）。

      A. i=i+1   B. i=1-i   C. i=-i   D. i=i-1

2. 阅读程序写结果。

```
#include <iostream>
using namespace std;
int main()
{
  int i;
  for(i=1; i<=5; i++)
    cout << '*';
  cout << i << endl;
  return 0;
}
```

$$\underline{\qquad\qquad i \qquad\qquad}$$

输出：_____

3. 完善程序。

输出 1～100 的所有整数。

```
#include <iostream>
using namespace std;
int main()
{
  int i;
  for(i=1; _____; _____)
    cout << i << endl;
  return 0;
}
```

第 28 课　叮叮当当
——for 语句与 if 语句的结合

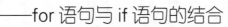

　　狐狸老师和格莱尔玩报数游戏。狐狸老师数到 2 的倍数时，格莱尔就说"叮叮"；狐狸老师数到 3 的倍数时，格莱尔就说"当当"；狐狸老师数到 2 和 3 的公倍数时，格莱尔就说"叮叮当当"。

　　狐狸老师：1

　　狐狸老师：2

　　格莱尔：叮叮

　　狐狸老师：3

　　格莱尔：当当

　　狐狸老师：4

　　格莱尔：叮叮

　　狐狸老师：5

　　狐狸老师：6

　　格莱尔：叮叮当当

　　……

　　试编一程序，模拟 1～20 的报数游戏。

　　可以用循环语句枚举出 1～20 所有的数，每一个数都去判断，根据不同的判断结果输出不同的内容，流程图如图 28.1 所示。

```cpp
#include <iostream>
using namespace std;
int main()
{
    int i;
    for(i=1; i<=20; i++)
```

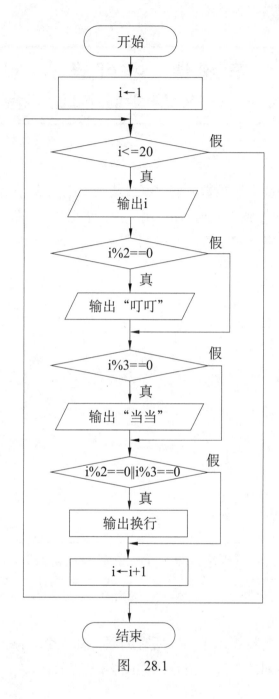

图 28.1

```
{
    cout << i << ' ';                    // ' ' 中有 1 个空格
    if(i%2==0) cout << " 叮叮 ";
    if(i%3==0) cout << " 当当 ";
    if(i%2==0||i%3==0) cout << endl;
}
```

```
    return 0;
}
```

运行结果：

1 2 叮叮
3 当当
4 叮叮
5 6 叮叮当当
7 8 叮叮
9 当当
10 叮叮
11 12 叮叮当当
13 14 叮叮
15 当当
16 叮叮
17 18 叮叮当当
19 20 叮叮

? 动动脑

1. 结构化程序设计的三种基本逻辑结构是（　　　）。

    A. 顺序结构、选择结构和循环结构

    B. 选择结构、嵌套结构和循环结构

    C. 选择结构、循环结构和模块结构

    D. 顺序结构、递归结构和循环结构

2. 阅读程序写结果。

```
#include <iostream>
using namespace std;
int main()
{
    int i, n;
    cin>>n;
    for(i=n; i>1; i--)
        cout << i;
```

n	i

```
    return 0;
}
```

输入：5

输出：_____

3. 完善程序。

狐狸老师站在中间，小朋友们围成一圈玩"荷花荷花开几朵"的游戏。狐狸老师说："5 朵"，小朋友们就立刻 5 人为一组抱在一起，剩余的小朋友就要表演节目。若全班有 43 人，规定狐狸老师报的数只能是 2，3，4，…，10，编一程序算一算每次会剩余几个小朋友表演节目。

```
#include <iostream>
using namespace std;
int main()
{
    int i, n;
    for(_____; i<=10; i++)
    {
        n=43%i;
        cout << i << " " << _____ << endl;
    }
    return 0;
}
```

第 29 课　布纳特老师出的难题
——累加求和

德国"数学王子"高斯三岁时便能够纠正父亲的借债账目。十岁时,有一次布纳特老师出了一道算术题:求 1 到 100 所有整数的和,老师刚叙述完题目,高斯就算出了正确答案。

> 试编一程序,先求 1+2+3+4+5 的和。

用变量 sum 作为累加器,设初值为 0,运用循环让 sum 依次加上 1,2,3,4,5,最终求出它们的和。流程图如图 29.1 所示。

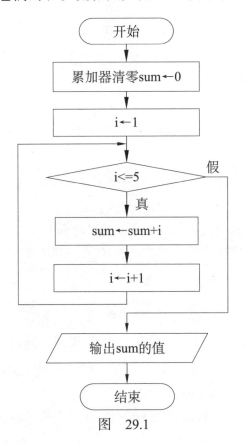

图　29.1

```
#include <iostream>
using namespace std;
int main()
{
    int i, sum=0;
    for(i=1; i<=5; i++)
        sum+=i;
    cout << "1+2+3+4+5=" << sum;
    return 0;
}
```

运行结果：

1+2+3+4+5=15

其中语句"sum+=i;"相当于"sum=sum+i;"，程序的运行过程如图 29.2 所示。

i	sum	=	sum+i
			0
1	sum	←	0 +1
2	sum	←	0+1 +2
3	sum	←	0+1+2 +3
4	sum	←	0+1+2+3 +4
5	sum	←	0+1+2+3+4 +5
6			

图　29.2

想一想：如何求 1+2+3+4+5+…+100 的和？

这个问题和前一个问题相比，只是循环变量的终值不同而已，其他都是一样的，同学们可以参考前面的程序，上机调试、修改一下。

高斯计算此题时，不是通过计算机，而是应用公式：（首项＋末项）×项数 ÷2，即（1+100）×100÷2=5050。

我们来总结一下，编程解决这种累加问题的基本方法。

```
sum= 0 ;                          // 累加器 sum 清零
for(i=1; i<=100; i++)             // 控制循环次数
    sum+= i ;                     // 累加
cout<<sum;                        // 输出累加器 sum 的值
```

❓ 动动脑

1. 计算机使用的键盘中，Shift 键是（　　　）。

　　A. 退格键　　　　B. 上档键　　　C. 空格键　　　D. 键盘类型

2. 阅读程序写结果。

```
#include <iostream>
using namespace std;
int main()
{
  int i;
  int sum=0;
  for(i=1; i<=5; i++)
    sum+=i*i;
  cout << sum << endl;
  return 0;
}
```

i	sum

输出：_____

3. 完善程序。

求 $1×2+2×3+3×4+4×5+\cdots+100×101$ 的和是多少？

```
#include <iostream>
using namespace std;
int main()
{
  int sum, i;
  _____;
  for(i=1; i<=100; i++)
    _____;
  cout << sum << endl;
  return 0;
}
```

第30课 棋盘上的学问
——超长整型与数据溢出

从前，有一个国王喜欢下国际象棋，而且从来没有输过，因此国王贴出告示：只要有人能赢国王，就可以满足他的三个要求。结果阿凡提赢了国王，国王问阿凡提的要求，阿凡提说："只要在这个棋盘上的 64 个格子中放入小麦，第一个格子放 2 粒，第二个格子放 4 粒，第三个格子放 8 粒……每个格子的小麦数是前一个格子的两倍，将 64 个格子放满就行了！"国王一开始满口答应，可是最后发现，哪怕用尽全国的小麦，也没办法满足阿凡提的要求。

试编一程序，算一算，第 64 格中应放多少粒小麦？国王应给阿凡提的小麦总粒数是多少？

要计算小麦的总粒数，需要用到累加器，可以用变量 sum 作为累加器，用变量 n 来保存每个格子上的小麦粒数，用 for 循环依次枚举 1～64 个格子。流程图如图 30.1 所示。

```cpp
#include <iostream>
using namespace std;
int main()
{
    long long sum, n;              // long long 为超长整型
    int i;
    sum=0;
    n=1;
    for(i=1; i<=64; i++)
    {
        n*=2;
        sum+=n;
        cout << i << "    " << n << endl;
```

```
    }
    cout << " 总数 : " << sum << endl;
    return 0;
}
```

运行结果：

1　2
2　4
3　8
4　16
5　32
6　64
7　128
8　256
9　512
10　1024
11　2048
12　4096
13　8192
14　16384
15　32768
16　65536
17　131072
18　262144
19　524288
20　1048576
21　2097152
22　4194304
23　8388608
24　16777216
25　33554432
26　67108864
27　134217728
28　268435456
29　536870912
30　1073741824
31　2147483648

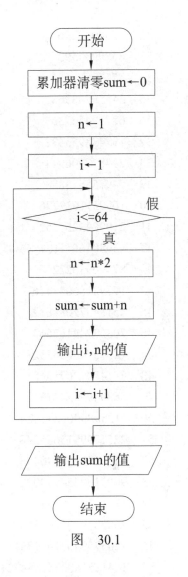

图　30.1

32   4294967296
33   8589934592
34   17179869184
35   34359738368
36   68719476736
37   137438953472
38   274877906944
39   549755813888
40   1099511627776
41   2199023255552
42   4398046511104
43   8796093022208
44   17592186044416
45   35184372088832
46   70368744177664
47   140737488355328
48   281474976710656
49   562949953421312
50   1125899906842624
51   2251799813685248
52   4503599627370496
53   9007199254740992
54   18014398509481984
55   36028797018963968
56   72057594037927936
57   144115188075855872
58   288230376151711744
59   576460752303423488
60   1152921504606846976
61   2305843009213693952
62   4611686018427387904
63   −9223372036854775808
64   0
总数：−2

为什么会这样呢？因为运算过程中产生的数据实在是太大了，超出了超长整型数据 long long 可表示的范围，造成了数据溢出错误，数据溢出在编译与运行时并不报错，不易发现。超长整型数据 long long 表示的范围是 $-9223372036854775808 \sim 9223372036854775807$，即 $-2^{63} \sim 2^{63}-1$，只有学了高精度计算才能解决此类问题。另 int 整型数据可表示的范围为 $-2147483648 \sim 2147483647$，即 $-2^{31} \sim 2^{31}-1$。

📖 英汉小词典

long long [lɒŋ] [lɒŋ]　超长整型

❓动动脑

1. 彩色显示器所显示的五彩斑斓的色彩，是红色、蓝色和（　　　）色混合而成的。

    A. 紫　　　　　　B. 橙　　　　　　C. 黑　　　　　　D. 绿

2. 阅读程序写结果。

```cpp
#include <iostream>
using namespace std;
int main()
{
  int m, n, i;
  long long ans=0;
  cin>>m>>n;
  for(i=m; i<=n; i=i+2)
    ans+=i;
  cout << ans << ' ';
  cout << i;
  return 0;
}
```

m	n	i	ans

//' ' 中有一个空格

输入：1 10

输出：_____

3. 完善程序。

沃伦·巴菲特，1930 年生于美国，是全球著名的投资大师，也是一位慈善家，其管理的公司年收益率可以达到 20% 以上。假设年收益率为 20%，10 万元的投资一年后是 12 万元，两年后是 14.4 万元，试问 20 年后是多少万元？

```cpp
#include <iostream>
using namespace std;
int main()
{
    int i;
    float s=10.0;
    for(i=1; i<=20; _____)
    {
        _____;
        cout << i << " " << s << endl;
    }
    return 0;
}
```

第 31 课 逢 7 必过
——continue 语句

格莱尔和朋友们在一起玩一个有趣的游戏——逢 7 必过。游戏的规则是：大家围坐在一起，从 1 开始报数，但逢 7 的倍数或者尾数是 7，则不去报数，要喊"过"。如果犯规了，要给大家表演一个节目。

> 试编一程序，模拟"逢 7 必过"游戏 1~20 的报数。

> 我是枚举高手，用循环语句枚举所有的数，1，2，3，4，…，20，判断每个数是不是"7 的倍数或者尾数是 7"，若是，输出"过"；若不是，就输出这个数。

流程图如图 31.1 所示。

```
#include <iostream>
using namespace std;
int main()
{
  int i;
  for(i=1;i<=20;i++)
  {
    if(i%7==0||i%10==7 )
      cout<<" 过 "<<' ';
    else
      cout<<i<<' '; // ' ' 中有 1 个空格
  }
  return 0;
}
```

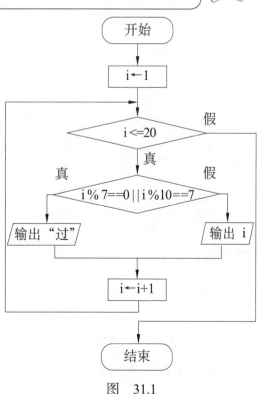

图 31.1

运行结果：

1 2 3 4 5 6 过 8 9 10 11 12 13 过 15 16 过 18 19 20

想一想，还有没有其他方法？

流程图如图 31.2 所示。其中语句"continue；"的作用为提前结束本次循环，即跳过循环体中下面尚未执行的语句，接着进行下一次是否执行循环的判定。

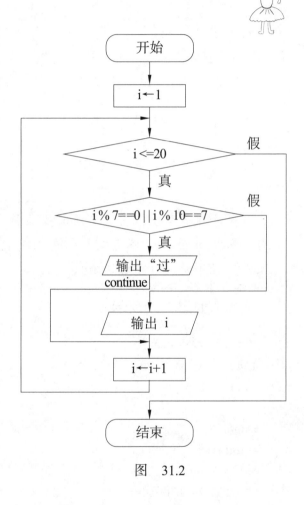

图　31.2

```cpp
#include <iostream>
using namespace std;
int main()
{
  int i;
  for(i=1;i<=20;i++)
  {
    if(i%7==0|| i%10==7 )
    {
      cout<<" 过 "<<' ';
      continue;
    }
    cout<<i<< ' ';
  }
  return 0;
}
```

运行结果：

1 2 3 4 5 6 过 8 9 10 11 12 13 过 15 16 过 18 19 20

📖 英汉小词典

continue [kən'tɪnjuː]　结束本次循环；继续

❓ 动动脑

1. 断电后会丢失数据的存储器是（　　　）。

    A. RAM   B. U 盘   C. 硬盘   D. 光盘

2. 阅读程序写结果。

```cpp
#include <iostream>
using namespace std;
int main()
{
  for(int i=7; i>=1; i--)
  {
    if(i%2==0)
      continue;
    cout << i;
    if(i==1)
      continue;
    cout << ',';
  }
  return 0;
}
```

i
_____

输出：_____

3. 完善程序。

输出 100 以内所有的偶数。

```cpp
#include <iostream>
using namespace std;
int main()
{
  int i;
  for(i=2; i<=100; _____)
    cout << _____ << endl;
  return 0;
}
```

第 32 课 26 个兄弟姐妹
——循环变量为字符型

26 个字母 26 枝花，26 个兄弟姐妹是一家。

试编一程序，按字典顺序输出 26 个小写英文字母。

循环变量的类型可以是整型，可以是字符型，也可以是布尔型，但不能为实型，因为实型的个数是不可以枚举的。本例中可将循环变量定义为字符型数据，流程图如图 32.1 所示。

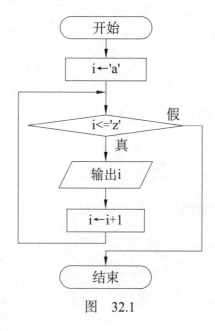

图 32.1

```cpp
#include <iostream>
using namespace std;
int main()
{
    char i;
```

```
    for(i='a'; i<='z'; i++)
        cout << i << ' ';           //' ' 中有一个空格
    return 0;
}
```

运行结果:

a b c d e f g h i j k l m n o p q r s t u v w x y z

> 先顺序输出 26 个小写英文字母, 再逆序输出 26 个大写英文字母, 能实现吗?

当然可以, 因为循环可以是递增型循环, 也可以是递减型循环。流程图如图 32.2 所示。

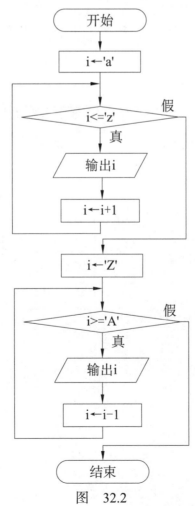

图　32.2

```
#include <iostream>
using namespace std;
int main()
{
    char i;
    for(i='a'; i<='z'; i++)
        cout << i << ' ';                    //' '中有一个空格
    cout << endl;
    for(i='Z'; i>='A'; i--)
        cout << i << ' ';                    //' '中有一个空格
    return 0;
}
```

运行结果：

a b c d e f g h i j k l m n o p q r s t u v w x y z
Z Y X W V U T S R Q P O N M L K J I H G F E D C B A

? 动动脑

1. 字符型变量 n，其初值为 'a'，则表达式 n+3 的值是（　　　）。

    A. 65　　　　　　B. 68　　　　　　C. 'a'　　　　　　D. 100

2. 阅读程序写结果。

```
#include <iostream>
using namespace std;
int main()
{
    int x, y;
    char i, ans;
    for(i='a'; i<'f'; i++)
    {
        x=i-'a'+1;
        if(x%2==1) y=i+1;
        else y=i-1;
        ans=y;
        cout << ans;
    }
}
```

x	y	i	ans

```
    return 0;
}
```

输出：_____

3. 完善程序。

按字典顺序输出大小字母对照表，先输出一个大写字母，再输出一个小写字母，即 AaBbCc…Zz。

```
#include <iostream>
using namespace std;
int main()
{
    int n;
    char i, j;
    n='a'-'A';
    for(i='A'; _____ ; i++)
    {
        cout << i;
        j=i+n;
        _____ ;
    }
    return 0;
}
```

第 33 课　打　擂　台
——for 语句的另一种形式

試编一程序，输入 10 个数，输出其中最大的数。

以前学过，输入三个数求最大值时，先假设第一个数为最大值，把它赋值给 max；然后，第二个数和 max 比较，若比 max 大，就把第二个数赋值给 max；接着，第三个数和 max 比较，若比 max 大，就把第三个数赋值给 max，有点儿类似打擂台。求 10 个数中的最大值可以采用同样的方法，如图 33.1 所示。流程图如图 33.2 所示。

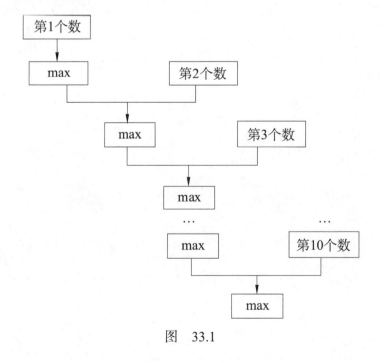

图　33.1

```cpp
#include <iostream>
using namespace std;
int main()
{
    float max, x;
    int i;
    cout << " 请输入第 1 个数 : ";
    cin>>x;
    max=x;
    i=2;
    for(; i<=10; i++)
    {
        cout << " 请输入第 " << i << " 个数 : ";
        cin>>x;
        if(x>max) max=x;
    }
    cout << " 最大的数 : " << max;
    return 0;
}
```

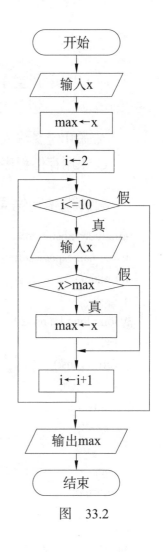

图　33.2

运行结果：

请输入第 1 个数：98 ✔
请输入第 2 个数：95 ✔
请输入第 3 个数：94 ✔
请输入第 4 个数：94 ✔
请输入第 5 个数：96 ✔
请输入第 6 个数：92 ✔
请输入第 7 个数：91.5 ✔
请输入第 8 个数：90 ✔
请输入第 9 个数：100 ✔
请输入第 10 个数：88 ✔
最大的数：100

　　C++ 语言是很灵活的，可以把循环变量赋初值语句写在 for 循环语句前，也可以把循环变量增值语句写在循环体中。当循环体有多个语句时，就需要用 "{}" 把它们复合起来，成为一个整体。

❓ 动动脑

1. 从 ENIAC 到当前最先进的计算机，冯·诺依曼体系始终占有重要的地位。冯·诺依曼体系结构的核心内容是（　　　）。

    A. 采用键盘输入　　　　　　　B. 采用半导体器件

    C. 采用存储程序和程序控制原理　　D. 采用开关电路

2. 阅读程序写结果。

```cpp
#include <iostream>
using namespace std;
int main()
{
  long long i, ans=20;
  i=2;
  for(; i<ans;)
  {
    ans-=i;
    i+=3;
  }
  cout << "i=" << i << ' ' << "ans=" << ans << endl;        //' ' 中有一个空格
  return 0;
}
```

i	ans

输出：_____

3. 完善程序。

输入 n 个数，输出最小的数。

```cpp
#include <iostream>
using namespace std;
int main()
{
  float min, x;
  int i, n;
  cout << "n=";
  _____;
```

```
  cout << " 请输入第 1 个数 : ";
  cin>>x;
  min=x;
  for(i=2; _____ ; i++)
  {
    cout << " 请输入第 " <<i << " 个数 : ";
    cin>>x;
    if(_____) min=x;
  }
  cout << " 最小的数 : " << min;
  return 0;
}
```

第 34 课　生命周期与素数
——break 语句

1964 年，美洲大陆田纳西地区发现数百万只的蝉"大军"一夜之间从地底冒出，场面令人毛骨悚然。此后每隔 17 年，这一现象便会再次出现，而且周期非常准确。科学家认为，蝉在进化的过程中选择素数为生命周期，可以最大限度地减少碰见天敌的机会。

试编一程序，输入一个自然数，判断是不是素数。

素数，一个大于 1 的自然数，除了 1 和它本身外，不能被其他自然数整除。如 2，3，5，7，11，13，17 等是素数，4，6，8，9，10，12，14，15 等不是素数是合数，而 1 既不是素数也不是合数。

为了判断某数 n 是否为素数，一个最简单的办法是用 2，3，4，5，…，n−1 这些数逐个去除 n，看能否除尽。只要能被其中的一个数除尽，n 就不是素数，只有 n 不能被 2～n−1 之间的所有数除尽时才是素数。流程图如图 34.1 所示。

当 n 较大时，用这种办法，判断的次数会很多，可以通过减少循环次数，来提高运行效率，此处暂不介绍。

```cpp
#include <iostream>
using namespace std;
int main()
{
    long long i, n;
    bool flag;
    cout << "n=";
    cin>>n;
```

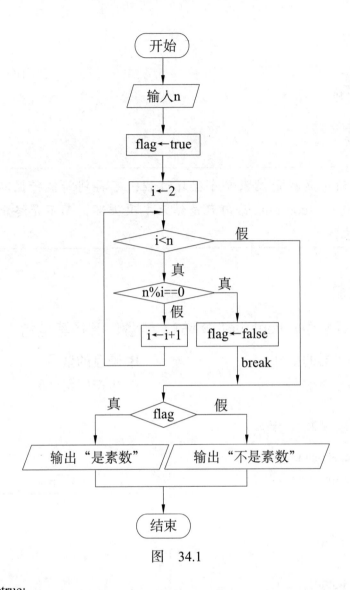

图　34.1

```
flag=true;
for(i=2; i<n; i++)
  if(n%i==0)
  {
    flag=false;
    break;
  }
if(flag) cout << " 是素数 ";
else cout << " 不是素数 ";
return 0;
}
```

运行结果：

① n=18 ↙
    不是素数
② n=13 ↙
    是素数

> break 语句是提前结束整个循环过程，不再判断执行循环的条件是否成立。continue 语句只是结束本次循环，而不是终止整个循环的执行。

? 动动脑

1. 在计算机中，Pentium(奔腾)、酷睿、赛扬等是指 (   )。

    A. 显示器的型号   B. 硬盘的型号
    C. CPU 的型号   D. 生产厂家名称

2. 阅读程序写结果。

```cpp
#include <iostream>
using namespace std;
int main()
{
  int i, p, ans=0;
  p=1;
  for(i=1; i<400; i+=3)
  {
    p*=i;
    ans+=p;
    if(ans>=25) break;
  }
  cout << "ans=" << ans << endl;
  return 0;
}
```

i	p	ans

输出：_____

3. 完善程序。

输入一个数，判断其是不是素数。

```cpp
#include <iostream>
using namespace std;
int main()
{
  int count=0;
  long long i, n;
  _____;
  for(i=2; i<n; i++)
    if(n%i==0) count++;
  if(_____) cout << " 素数 ";
  else cout << " 不是素数 ";
  return 0;
}
```

第 35 课 水仙花数
——数位分离

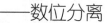

水仙花素雅端庄，清秀俊逸，香气馥郁。数学上有一种数称为水仙花数。所谓水仙花数是一个三位数，它等于自己各个数位上数字的立方和。如 153，它百位上的数字是 1，十位上的数字是 5，个位上的数字是 3，$1^3+5^3+3^3$ 是 153，等于它自己，因此 153 是水仙花数。

试编一程序，求出所有的水仙花数。

求水仙花数，要先学会分离百位、十位、个位上的数。153/100 可以得到百位上的数字，（153/10）% 10 或（153% 100）/10 可以得到十位上的数字，153%10 可以得到个位上的数字。

水仙花数是一个三位数，可以通过 for 循环把 100～999 所有的三位数都枚举出来，然后对每一个数进行计算和判断，若是水仙花数则输出。流程图如图 35.1 所示。

```cpp
#include <iostream>
using namespace std;
int main()
{
  int ge, shi, bai, i;
  cout << " 水仙花数 " << endl;
  for(i=100; i<1000; i++)
  {
    bai=i/100;
    shi=(i/10)%10;
    ge=i%10;
    if (bai*bai*bai+shi*shi*shi+ge*ge*ge==i)
      cout << i <<"  ";              //"  " 内有 2 个空格
```

```
    }
    return 0;
}
```

运行结果：

水仙花数

153　370　371　407

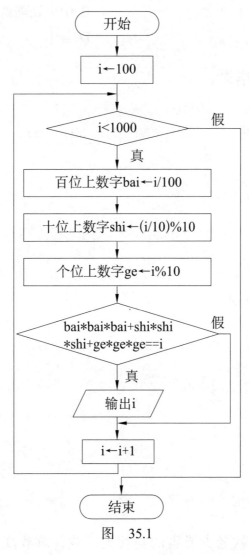

图　35.1

可以增加一个计数器变量 count，用于统计水仙花数的个数。

if (bai*bai*bai+shi*shi*shi+ge*ge*ge==i)

```
{
  cout << i << " ";
  count++;
}
```

？动动脑

1.计算机有计算功能，那么这个"计算"是在（　　　）中完成的。

　A.内存　　　　　　　　　　B.中央处理器

　C.硬盘　　　　　　　　　　D.显卡

2.阅读程序写结果。

```
#include <iostream>
using namespace std;
int main()
{
  int a0=0, a1=1, a2, i, n;
  cin>>n;
  for(i=2; i<n; i++)
  {
    a2=a0+a1;
    cout << a2 << endl;
    a0=a1;
    a1=a2;
  }
  return 0;
}
```

a0	a1	a2	i	n

输入：5

输出：_____

3.完善程序。

"消消乐"是一款老少皆宜的益智类游戏，游戏规则是找出三张及以上相同的连在一起的牌就可以消除。请编程找出三位数中可以玩"消消乐"的数，即个位、十位与百位上的数字相同。如 222 可以消除，123 无法消除。

```cpp
#include <iostream>
using namespace std;
int main()
{
    int ge, shi, bai, i;
    for(i=100; i<1000; i++)
    {
        _____;
        shi=(i/10)%10;
        ge=i%10;
        if (_____)
            cout << i << endl;
    }
    return 0;
}
```

第 36 课　天连碧水碧连天

——回文数

"地满红花红满地，天连碧水碧连天"是一副回文联，用回文形式写成的对联，既可以顺读，也可以倒读，意思不变。在数学中也存在这样特征的一类数，称为回文数。设 n 是一任意自然数，将 n 各个数位上的数字反向排列所得自然数 m，若 m 等于 n，则 n 为回文数。例如，1234321 是回文数，1234567 不是回文数。

> 试编一程序，判断一个自然数是不是回文数。

如何将自然数 n 各个数位上的数字反向排列，组成新的自然数 m？如输入的数 n 为 123 时，可先将 m 的初值设为 0。第 1 次，先运用整除求余运算将 n 个位上的数字分离出来，即 123%10 得到 3，再用 m*10+3 组成的新数赋值给 m，然后将 n 的值缩小 10 倍；第 2 次，重复上面的步骤后，m 为 32，n 为 1；第 3 次，重复上面的步骤后，m 为 321，n 为 0。由于此时 n 的值为 0，新数 m 构造完成，如图 36.1 所示。

n	m
123	0
12	3
1	32
0	321

图　36.1

因为输入的自然数其位数是不确定的，因此每次分离数位时，循环次数也是不确定的。for 语句使用很灵活，不仅可以用于循环次数已经确定的情况，而且也可以用于循环次数不确定而循环结束条件确定的情况。流程图如图 36.2 所示。

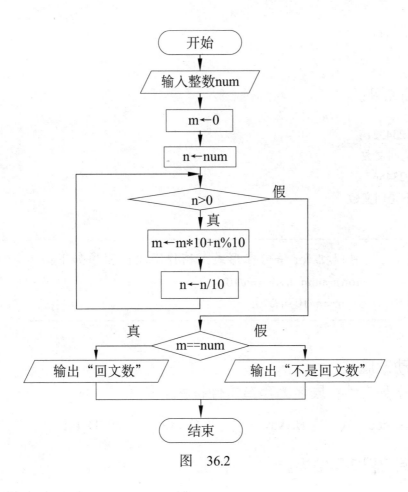

图　　36.2

```cpp
#include <iostream>
using namespace std;
int main()
{
    int num, n, m;
    cin>>num;
    m=0;
    n=num;
    for(; n>0; )
    {
        m=m*10+n%10;
        n=n/10;
    }
    if(m==num) cout << " 是回文数 " << endl;
    else cout << " 不是回文数 " << endl;
```

```
    return 0;
}
```

运行结果：

① 1234321 ↙
   是回文数
② 1234567 ↙
   不是回文数

可以把 for 语句在形式上稍作修改，程序如下：

```
for(n=num; n>0; n=n/10)
    m=m*10+n%10;
```

? 动动脑

1. 下列文件扩展名为声音文件格式的是（　　　　）。

    A. doc　　　　　B. wav　　　　　C. exe　　　　　D. txt

2. 阅读程序写结果。

```
#include <iostream>
using namespace std;
int main()
{
  int i, bai, ge, ans=0;
  for(i=100; i<=130; i++)
  {
    bai=i/100;
    ge=i%10;
    if(bai==ge) ans++;
  }
  cout << ans << endl;
  return 0;
}
```

i	bai	ge	ans

输出：_____

3. 完善程序。

输入一个数，判断是不是完全数。完全数是指此数所有的真因子（即除了自身以外的约数）之和等于自己。如 6=1+2+3，就是完全数。

```cpp
#include <iostream>
using namespace std;
int main()
{
  int n, i, sum=0;
  cout << "n=";
  cin>>n;
  for(i=1; i<n; i++)
    if(n%i==0) _____;
  if(_____)
    cout << " 是完全数 ";
  else
    cout << " 不是完全数 ";
  return 0;
}
```

第 37 课 神奇的大自然
——斐波那契数列及长整型 long

斐波那契数列指的是这样一个数列：1，1，2，3，5，8，13，21，…，这个数列从第 3 个数开始，每个数都等于前面两个数的和。这个数列与大自然中植物的关系极为密切，几乎所有花朵的花瓣数都来自这个数列中的一项数字，同时在植物的叶、枝、茎等排列中也存在斐波那契数列。

试编一程序，输出斐波那契数列中的前 10 项。

斐波那契数列的前两项为 1，从第 3 项开始，每一项的值是前面两项的和。可以先把第 1 项 a1 和第 2 项 a2 赋值为 1；求第 3 项 a3 时，只要把 a1+a2 的和赋值给 a3 并输出即可，再把 a2 赋值给 a1，a3 赋值给 a2，为求下一项做准备；然后依次重复执行求第 3 项的步骤，求出前 10 项。流程图如图 37.1 所示。

```cpp
#include <iostream>
#include <iomanip>
using namespace std;
int main()
{
    long i, a1, a2, a3;
    a2=a1=1;                    // 先把 1 赋值给 a1，再把 a1 的值赋值给 a2
    cout << setw(5) << a1;
    cout << setw(5) << a2;
    for(i=3; i<=10; i++)
    {
        a3=a1+a2;
```

```
        cout << setw(5) << a3;
        a1=a2;
        a2=a3;
    }
    return 0;
}
```

运行结果：

    1   1   2   3   5   8   13   21   34   55

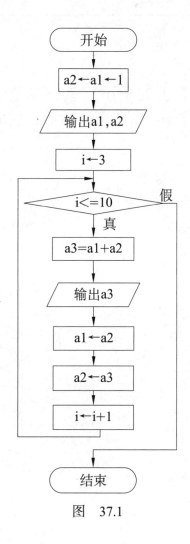

图　37.1

在 Dev-C++、Visual C++ 中，长整型 long 的取值范围和整型 int 的取值范围是一样的，即 –2147483648～2147483647，不要把长整型 long 当成超长整型 long long 的缩写。其实，C++ 并没有统一规定各类数据的精度、数值范围和在内存中所占的字节数，由各种 C++ 编译系统根据自己的情况做出安排。C++ 只是规定 int 型数据所占的字节数不大于 long 型，long 型数据所占的字节数不大于 long long 型。

? 动动脑

1. 如果开始时计算机处于小写输入状态，现在尼克反复按照 CapsLock、字母键 A、字母键 S 的顺序按键，在屏幕上输出的第 3 个字符是字母（   ）。

A. A   B. S   C. a   D. s

2. 阅读程序写结果。

```cpp
#include <iostream>
using namespace std;
int main()
{
  int a, b, i;
  cin>>a;
  b=1;
  for(i=1; i<a; i++)
  {
    b*=i;
    if(b%3==0) b/=3;
    if(b%5==0) b/=5;
  }
  cout << b << endl;
  return 0;
}
```

a	b	i

输入：8

输出：_____

3.完善程序。

一个有规律的数列，其前 6 项分别是 1，3，7，15，31，63。规律如图 37.2 所示，编程输出这个数列的前 30 项。

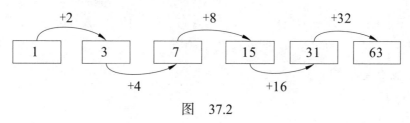

图   37.2

```cpp
#include <iostream>
using namespace std;
int main()
{
  long long a, n;
  n=2;
  a=1;
  for(int i=1; i<=30; i++)
  {
    cout << a << endl;
    _____;
    _____;
  }
  return 0;
}
```

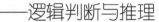

第 38 课　警察抓小偷
——逻辑判断与推理

A、B、C、D 四人中有一个人是小偷，已知四个人中有一个人说了假话，请根据四个人的供词来判断谁是小偷。

A：我不是小偷。

B：C 是小偷。

C：D 是小偷。

D：我不是小偷。

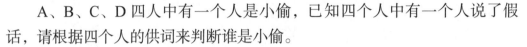

假设你是警察，请编个程序来判断一下，谁是小偷。

可以用 1、2、3、4 这四个数字分别作为 A、B、C、D 这四个人的编号。用变量 i 代表小偷，则四人所说的话可以分别用以下的逻辑式来表示。

A：我不是小偷，即 i!=1。

B：C 是小偷，即 i==3。

C：D 是小偷，即 i==4。

D：我不是小偷，即 i!=4。

如果说了真话，它的逻辑值就是"真"（true，值为 1），说了假话它的逻辑值就是为"假"（false，值为 0）。其中有一人说了假话，就是三个人说了真话，所以应该是：

(i!=1)+(i==3)+(i==4)+(i!=4)==3

i 值由 1 到 4 枚举就可以得到结果。流程图如图 38.1 所示。

```cpp
#include <iostream>
using namespace std;
int main()
{
```

```
    int i;
    char xiaotou;
    for(i=1; i<=4; i++)
      if((i!=1)+(i==3)+(i==4)+(i!=4)==3)
      {
        xiaotou=64+i;                    // 转化成字符的 ASCII 码
        cout << " 小偷是 : " << xiaotou;
        break;
      }
    return 0;
}
```

运行结果：

小偷是：C

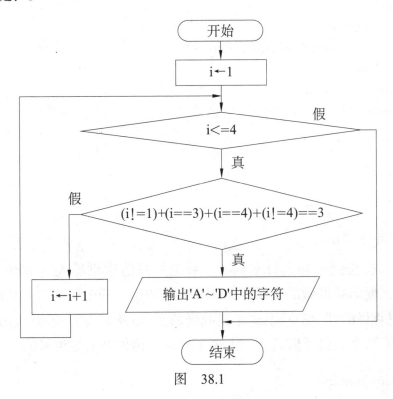

图   38.1

可以应用枚举和逻辑表达式解决一些逻辑判断和逻辑推理问题，实现初级的人工智能。让计算机像人一样学习、思考，让计算机听懂人的语言，让计算机自动进行程序设计等都是人工智能研究的内容。人工智能、基因工程和纳米技术被称为 21 世纪三大尖端技术。

? 动动脑

1. 计算机如果缺少（　　　），将无法正常启动。

A. 内存　　　　　　B. 鼠标　　　　　　C. U 盘　　　　　　D. 摄像头

2. 阅读程序写结果。

```cpp
#include <iostream>
using namespace std;
int main()
{
    int i, n;
    char ans;
    cin>>n;
    ans='0';
    for(i=1; i<n; i++)
        if((i%3==0)+(i%5==0)+(i%2==0)==2)
            ans++;
    cout << ans << endl;
    return 0;
}
```

i	n	ans

输入：15

输出：＿＿＿＿＿＿＿＿

3. 完善程序。

一天，校长到机器人教室检查，看见一只仿生机器人——猴子，做得十分可爱，便问是谁做的，狐狸老师等人想和校长开个玩笑，于是狐狸老师说："是尼克做的。"尼克说："不是我做的。"格莱尔说："不是我做的。"如果他们中有两个人说了假话，一人说了真话，请你判断是谁做的。

```cpp
#include <iostream>
using namespace std;
int main()
{
    ＿＿＿＿＿＿＿＿;
```

```
    for(i=1; i<=3; i++)
      if((i==2)+(i!=2)+(_____)==1 )
        break;
    switch(i)
    {
        case 1: cout << " 狐狸老师做的 " << endl;  break;
        case 2: cout << " 尼克做的 " << endl;  break;
        case 3: cout << " 格莱尔做的 " << endl;  break;
    }
    return 0;
}
```

第 39 课 口算大师

——for 语句的应用

可以使用 rand()%(9-1+1)+1 随机产生一个一位数。我们设定 0 为加法，1 为减法，使用 rand()%2 随机产生加减运算符。当是减法运算且 x 小于 y 时，可以交换 x 和 y 的值，也可以用 y-x，以确保被减数不小于减数。

试编一个"口算大师"程序，随机出 10 道一位数加减法的算术题，每完成一题后判断对错，每题 10 分，满分 100 分，全部完成后输出成绩。

流程图如图 39.1 所示。

```cpp
#include <iostream>
#include <ctime>
#include <cstdlib>
using namespace std;
int main()
{
  int x, y, symbol, ans;
  int n, temp, sum=0;
  srand(time(0));
  for(int i=1; i<=10; i++)
  {
    x=rand()%9+1;
    y=rand()%9+1;
    symbol=rand()%2;
    if(x<y&&symbol==1)
    {
      temp=x;
      x=y;
      y=temp;
    }
```

阿布拉卡达布拉。

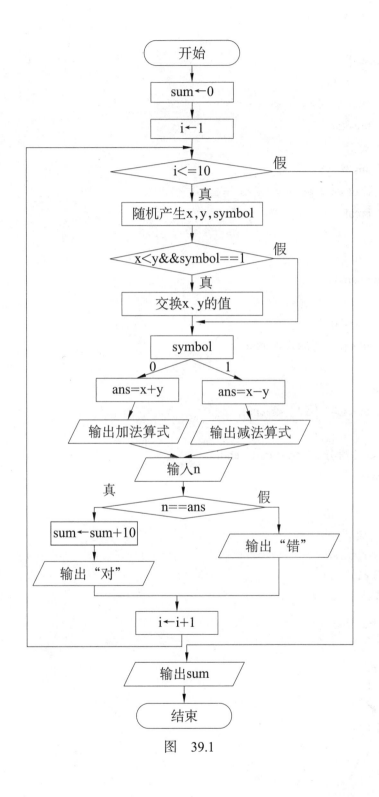

图　39.1

```
      switch(symbol)
      {
        case 0:
          ans=x+y;
          cout << x << '+' << y << '=';
          break;
        case 1:
          ans=x-y;
          cout << x << '-' << y << '=';
          break;
      }
      cin>>n;
      if(n==ans)
      {
        sum+=10;
        cout << "  对！" << endl;
      }
      else
        cout << "  错！" << endl;
    }
    cout << "得分：" << sum << endl;
    return 0;
  }
```

运行结果：

5+7=<u>13</u> ↙
　　错！
8-7=<u>1</u> ↙
　　对！
9-8=<u>1</u> ↙
　　对！
9-2=<u>7</u> ↙
　　对！
8+6=<u>14</u> ↙
　　对！

$6-6=0$ ↙
　　对！

$7-4=3$ ↙
　　对！

$8+5=13$ ↙
　　对！

$6-5=1$ ↙
　　对！

$9-6=3$ ↙
　　对！

得分：90

❓ 动动脑

1. 目前个人计算机的（　　　）市场占有率最靠前的厂商包括 Intel、AMD 等公司。

　　A. 显示器　　　　B. CPU　　　　　C. 内存　　　　D. 鼠标

2. 阅读程序写结果。

```cpp
#include <iostream>
using namespace std;
int main()
{
    int i, x, y, n, ans=0;
    for(i=50; i<=60; i++)
    {
        x=i%10;
        y=i/10;
        n=x*10+y;
        if(i+n<100) ans++;
    }
    cout << ans << endl;
    return 0;
}
```

i	x	y	n	ans

输出：＿＿＿＿＿＿＿＿

3. 完善程序。

利用随机函数，编一个与计算机玩剪刀、石头、布游戏的程序，同时统计出计算机赢的局数和你赢的局数。

```cpp
#include <iostream>
#include <ctime>
#include <cstdlib>
using namespace std;
int main()
{
  const int MAX=10;
  srand(time(0));
  int m, n, countm, countn;
  countm=countn=0;
  for(int i=0; i<MAX; i++)
  {
    _____;
    cout << " 请你出招 " << endl;
    cout << "1. 剪刀 2. 石头 3. 布 " << endl;
    cin>>n;
    if(n<1||n>3)
      cout << " 请输入 1 ~ 3, 此局无效！ " << endl;
    else
    {
      switch(m-n)
      {
        case -2:
        case 1:  cout << " 计算机赢！" << endl;  countm++;  break;
        case_____: cout << " 平局！" << endl;  break;
        default: cout << " 你赢！" << endl;  countn++;  break;
      }
    }
  }
  cout << " 计算机赢 : " << _____ << endl;
  cout << " 你赢 : " << countn << endl;
  return 0;
}
```

拓展阅读：神奇的二进制数

　　计算机能展现形式多样的信息，如网页、照片、音乐、视频等，这些数据无一例外都是以二进制代码的形式来存储和传输的。二进制数由 0 和 1 两个数码组成，本位满 2，就向高位进 1，即逢二进一。

　　二进制数中，任何数位都是其右侧数位的 2 倍，如图 1 所示。这就好比在十进制数中，任何数位都是其右侧数位的 10 倍。为了便于区别，通常二进制数下标 "2" 或在数字后面加上一个字母 "B" 来表示，如图 2 所示。

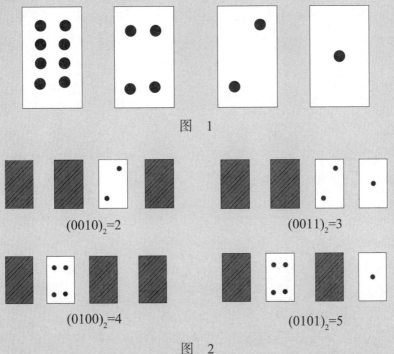

图　1

$(0010)_2=2$　　　　　$(0011)_2=3$

$(0100)_2=4$　　　　　$(0101)_2=5$

图　2

　　"二进制位"（bit）有一个昵称叫 "比特"。一个比特即是一个数位，其值非 0 即 1，这样就能很容易设计出仅表示两种数值的硬件设备，如能以晶体管的开或关来表示，也能用电容器充电或放电两种状态表示。

　　在实际应用中，计算机系统处理连续存储的 8 位数据是非常便利的，一般将连续存储的 8 比特称为一个字节（byte），而在计算机中每次都将这一组比特位一起处理。最开始一个字节包含 5~12 比特，20 世纪

80 年代后，8 比特一字节的使用变得越来越普通，后一直沿用至今。同时，在计算机中存储的信息通常较大，常采用较大容量的单位来表示。

1 字节：1B=8bit

1 千字节：1KB=1024B

1 兆字节：1MB=1024KB

1 吉字节：1GB=1024MB

1 太字节：1TB=1024GB

参考答案（上册）

第1单元

第1课
1. A 2. 无输出内容，只有分号表示一个空语句。

第2课
1. D 2. 99+1=100 3. 略

第3课
1. A 2. 8972 3. (a+b)*2

第4课
1. A 2. 8 3. n=n+25 cout<<n<<endl

第5课
1. C 2. s=18 3. sum=0 sum=sum+n

第6课
1. B 2. i=8, sum=15 3. n=30 n=n/2−1

第7课
1. C 2. a=200 b=100 3. bai=shi+1 shu=bai*100+shi*10+ge

第8课
1. C 2. 3*3+4*4=25 3. b setw(5)

第9课
1. D 2. ans=140 3. cin>>a>>b c

第10课
1. D 2. 63 3. tangshui−15 shui

第11课
1. C 2. 17/5=3……2 3. cin>>n bai=n/100

第12课
1. A 2. A 65 3. ch3=ch2+1 ch3

第2单元

第13课
1. B 2. 100 3. cin>>n n%2==0

第14课
1. A 2. x=11 3. int n n%2==1或n%2!=0

第15课
1. A 2. 2 3. x==0 x>0

第16课
1. B 2. yes 3. door3=!door3 if(door4) s++

第17课
1. D 2. 2 3. cin>>user user==USER&&psw==PSW

第18课
1. C 2. 9 3. eat>=80&&sleep>=80&&mood>=80
eat>=80&&sleep<80&&mood>=80||eat>=80&&sleep>=80&&mood<80

第19课
1. A 2. 2 3. len2=n−n2 len1<len2

第 20 课

1. B   2. max=200   3. max=a   c>max

第 21 课

1. C   2. 25   3. a1=a2   a1>a4   a3>a4

第 22 课

1. A   2. 8   3. rand()%90+10   rand()%90+10   n==a+b

第 23 课

1. B   2. x=12   3. cin>>n   m=50+(n−50)*0.9

第 24 课

1. B   2. 10/5−1=1   3. cin>>n   n=="E2"||n=="e2"

第 25 课

1. B   2. 125   3. cin>>n   case 3

第 26 课

1. B   2. 220   3. f   y!=0

第 3 单元

第 27 课

1. B   2. *****6   3. i<=100   i++ 或 ++i

第 28 课

1. A   2. 5432   3. i=2   n

第 29 课

1. B   2. 55   3. sum=0   sum+=i*(i+1) 或 sum= sum+i*(i+1)

第 30 课

1. D   2. 25 11   3. i++ 或 ++i   s*=1.2 或 s= s*1.2   等

第 31 课

1. A   2. 7,5,3,1   3. i+=2 或 i=i+2   i

第 32 课

1. D   2. badcf   3. i<='Z'   cout<<j

第 33 课

1. C   2. i=11 ans=5   3. cin>>n   i<=n   x<min

第 34 课

1. C   2. ans=33   3. cin>>n   count= =0

第 35 课

1. B   2. 1

      2

      3

3. bai=i/100   ge= =shi&&ge= =bai 或 shi= =ge&&shi=bai 或 bai= =ge&&bai= =shi

第 36 课

1. B   2. 3   3. sum+=i 或 sum= sum+i   n==sum

第 37 课

1. C   2. 112   3. a+=n 或 a= a+n   n*=2 或 n= n*2

第 38 课

1. A   2. 3   3. int i   i!=3

第 39 课

1. B   2. 6   3. m=rand()%3+1   0   countm

小学生C++
趣味编程
（下册）

潘洪波　编著

清华大学出版社
北　京

内 容 简 介

　　一本难度适当、易学易教的教材是开展小学信息学教学的重要一环。本书选取 80 多个贴近小学生学习生活的例子，结合小学生的认知规律，激发孩子兴趣，以程序为中心，适当地弱化语法。本书利用流程图理清思路，并提供多种算法实现举一反三，让小学生在学习 C++ 语言编程的过程中，学会运用计算思维解决问题。本书循序渐进、层层铺垫地依次呈现各个知识点，深入浅出，让学生在探索中体会到编程的乐趣和魅力。

　　本书适合小学四年级及以上学生阅读使用，可作为小学生信息学竞赛、"蓝桥"杯等青少年编程大赛培训教材，也可作为 CCF 非专业级软件能力论证（CSP）的入门教材，还可作为信息科技教师学习 C++ 语言的参考读物。

图书在版编目（CIP）数据

小学生 C++ 趣味编程 / 潘洪波编著 . —北京：清华大学出版社，2017（2024.10重印）
ISBN 978-7-302-47820-1

Ⅰ.①小⋯　Ⅱ.①潘⋯　Ⅲ.①C 语言－程序设计－少儿读物　Ⅳ.① TP312.8-49

中国版本图书馆 CIP 数据核字（2017）第 170455 号

责任编辑：赵轶华
封面设计：潘雨萱
责任校对：刘　静
责任印制：曹婉颖

出版发行：清华大学出版社
　　　　　网　　　址：https://www.tup.com.cn，https://www.wqxuetang.com
　　　　　地　　　址：北京清华大学学研大厦 A 座　　　邮　　编：100084
　　　　　社 总 机：010-83470000　　　　　　　　　　邮　　购：010-62786544
　　　　　投稿与读者服务：010-62776969，c-service@tup.tsinghua.edu.cn
　　　　　质量反馈：010-62772015，zhiliang@tup.tsinghua.edu.cn
　　　　　课件下载：https://www.tup.com.cn，010-83470410
印 装 者：涿州汇美亿浓印刷有限公司
经　　销：全国新华书店
开　　本：185mm×260mm　总 印 张：22.5　插页：2　总 字 数：398 千字
版　　次：2017 年 11 月第 1 版　　　　　　　　印　　次：2024 年 10 月第 34 次印刷
印　　数：179001～184000
定　　价：59.80 元（全二册）

产品编号：075484-06

目录 C++

下 册

第 **4** 单元　while 与 do-while 循环

放风筝

青草地，放风筝。汝前行，吾后行。

——选自民国老课本

　　"小古文怎么学，粗知大意，背下来再说！"这是全国特级老师于老师教大家的学习方法。尼克学习小古文时就用此方法，当他不会背的时候，就读啊，读啊，读啊，读啊，读啊，读啊，读啊……

　　当"不会背"这个条件成立时，尼克就会一直读下去，尼克真是一个有毅力的孩子啊！

第 40 课　儿歌《打老虎》
——while 语句

打老虎

一二三四五，
上山打老虎；
老虎不在家，
打只小松鼠；
松鼠有几只？
一二三四五。

试编一程序，在屏幕上输出 1～5 这几个数字。

今天，我们用while 语句来编写这个程序。while 语句的特点是先判断表达式，后执行语句。其一般形式为：

while（表达式）
　语句；

当表达式的值为真（非 0）时，就不断地执行循环体内的语句，所以 while 循环称为当型循环。while 语句的执行过程如图 40.1 所示。

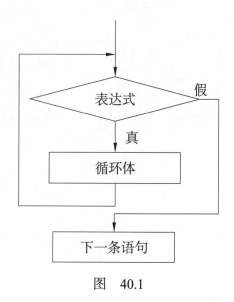

图　40.1

本课程序的流程图如图 40.2 所示。

```cpp
#include <iostream>
using namespace std;
int main()
{
  int i=1;
  while(i<=5)
  {
    cout << i << endl;
    i++;
  }
  return 0;
}
```

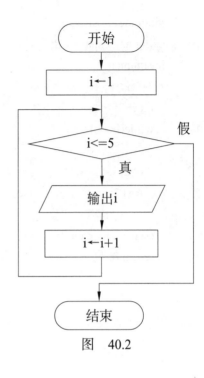

图　40.2

运行结果：

1
2
3
4
5

小提示

　　while 循环的循环体若由多个语句组成，则须将多个语句用"{}"括起来，成为一个复合语句。

📖 **英汉小词典**

while　[waɪl]　当……的时候

❓ **动动脑**

1. 一片容量为 16GB 的 SD 卡能存储大约（　　　）张大小为 2MB 的数码相片。

　　A. 4000　　　　　B. 8000　　　　　C. 1600　　　　　D. 16000

2. 阅读程序写结果。

```cpp
#include <iostream>
using namespace std;
int main()
{
    int i=0;
    while(i<=8)
    {
        cout << i << ' ';          //' '表示一个空格
        i=i+4;
    }
    cout << i << endl;
    return 0;
}
```

输出：_____

3. 完善程序。

求 6+12+18+24+…+180 的和是多少。

```cpp
#include <iostream>
using namespace std;
int main()
{
    int i=6, sum=0;
    while(i<=180)
    {
        _____;
        _____;
    }
    cout << "sum=" << sum << endl;
    return 0;
}
```

第 41 课　蜗牛与葡萄树
——死循环

"阿门阿前一棵葡萄树，阿嫩阿嫩绿的刚发芽，蜗牛背着那重重的壳呀，一步一步地往上爬……"有一棵光滑的葡萄树高 17 分米，一只蜗牛从底部向上爬，每分钟爬 3 分米，但每爬一分钟后都要休息一分钟，休息期间又要滑下 1 分米。

试编一程序，计算该蜗牛需要多少分钟才能爬到树顶。

用变量 t 表示蜗牛爬树时用的时间，i 表示向上爬的分米数。流程图如图 41.1 所示。

```cpp
#include <iostream>
using namespace std;
int main()
{
  int i, t;
  t=i=0;     // 先把 0 赋值给 i，再把 i 的值赋值给 t
  while(1)
  {
    t++;
    i+=3;
    if (i>=17) break;
    t++;
    i--;
  }
  cout << " 需要 " << t << " 分钟 " << endl;
  return 0;
}
```

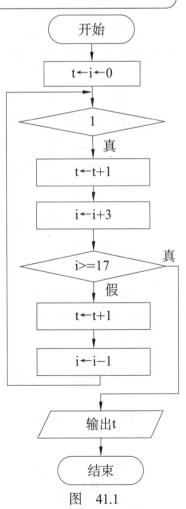

图　41.1

运行结果：

需要 15 分钟

while(1) 中条件是 1，它的值永远为真，若在循环体中没有 break 语句来终止循环，则会形成死循环。一般情况下，编程中要尽量避免出现死循环，但在实际应用中，有时也需要用到死循环。在单片机、嵌入式编程中经常要用到死循环。

> 同时，不存在一种算法，能够判断任何程序是否会出现死循环。因此，任何编译系统都不做死循环检查。

？动动脑

1. 语句 "while(1) cout<<'?';" 是一个死循环，运行时它将无休止地打印问号。下面关于死循环的说法中，正确的是（　　　）。

    A. 一个无法靠自身的控制终止的循环称为 "死循环"
    B. 有些编译系统可以检测出死循环
    C. 死循环属于语法错误，既然编译系统能检查各种语法错误，当然也应该能检查出死循环
    D. 死循环与多进程中出现的 "死锁" 差不多，而死锁是可以检测的，因而，死循环也是可以检测的

2. 阅读程序写结果。

```cpp
#include <iostream>
using namespace std;
int main()
{
  int i=10, n;
  cin>>n;
  while(true)
  {
    cout << i;
    if(i<=n) break;
```

i	n

```
    i-=3;
  }
  return 0;
}
```

输入：5

输出：_____

3. 完善程序。

求风之巅小学某次信息学竞赛同学们的平均分，以 -1 表示输入结束。

```cpp
#include <iostream>
using namespace std;
int main()
{
  int i=0;
  float n, pjfen, sum=0.0;
  cin>>n;
  while(_____)
  {
    i++;
    _____;
    cin>>n;
  }
  if（i!=0）
  {
    pjfen=sum/i;
    cout << " 平均分 : " << pjfen;
  }
  return 0;
}
```

第42课 最小公倍数
——枚举算法

尼克和格莱尔两人每隔不同天数都要到雷锋馆去做义工。尼克3天去一次，格莱尔4天去一次。有一天，他俩恰好在雷锋馆相遇，问至少再过多少天他俩又会在雷锋馆相遇？

试编一程序，求出他俩下次相遇最小的天数。

这是求两个数的最小公倍数问题，最小公倍数一定是大数的倍数，先从中找出大的数，然后从大数的1倍、2倍、3倍……依次枚举，找到第1个也是小数倍数的数，这个数就是它们的最小公倍数。流程图如图42.1所示。

```cpp
#include <iostream>
using namespace std;
int main()
{
  int x, y, temp, s, i=1;
  cout << " 请输入两个自然数 : ";
  cin>>x>>y;
  if(x>y)
  {
    temp=x;
    x=y;
    y=temp;
  }
  s=y*i;
```

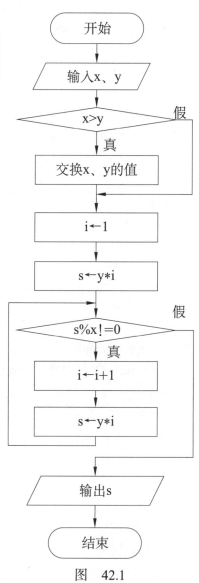

图 42.1

```
    while(s%x!=0)
    {
        i++;
        s=y*i;
    }
    cout << " 最小公倍数 : " << s << endl;
    return 0;
}
```

运行结果:

请输入两个自然数: 3 4↙
最小公倍数: 12

　　当然也可以从较小的数的 1 倍、2 倍、3 倍……依次枚举，找到第 1 个也是大数倍数的数就是最小公倍数。但枚举的次数会变多，运行时间会变长。

？ 动动脑

1. 将一个十进制整数转换为二进制数，通常采用"除二取余，逆序连接"的方法。如将十进制数 6 转换成二进制数 $(110)_2$ 的过程如图 42.2 所示。十进制数 14 转换成二进制数是（　　）。

A. $(1001)_2$　　　B. $(1110)_2$　　　C. $(1011)_2$　　　D. $(1100)_2$

```
2 ⌊6  0  ↑
2 ⌊3  1
2 ⌊1  1
    0
```

2. 阅读程序写结果。

图　42.2

```
#include <iostream>
using namespace std;
int main()
{
    int s, n, a;
    s=0;
    a=10;
    cin>>n;
    while(a>n)
    {
```

s	n	a

```
        s++;
        a-=2;
    }
    cout << s << endl;
    return 0;
}
```

输入：2

输出：＿＿＿＿＿＿＿＿＿＿＿＿＿＿

3. 完善程序。

尼克参加了多次信息学比赛，在最近一次比赛时发现，如果这次比赛他得了 98 分，那么他所有比赛的平均分是 92 分；如果这次得了 78 分，他的平均分是 87 分，尼克共参加了多少次比赛？

```
#include <iostream>
using namespace std;
int main()
{
    int_____;
    x=2;
    while(92*x-98!=87*x-78)
        _____;
    cout << x << endl;
    return 0;
}
```

第 43 课　最大公约数
——辗转相除

尼克有一根长 15 米的铁丝，格莱尔有一根长 18 米的铁丝，要把它们截成同样长的小段，不许剩余，每段最长有几米？

试编一程序，求出每段最长的米数。

这是求最大公约数的问题。两根铁丝的长度分别用 m 和 n 表示，采用辗转相除法求最大公约数，其思路是：

（1）求 m 除以 n 的余数 r。

（2）当 r==0 时，则 n 为最大公约数，输出 n 并结束程序；当 r!=0，执行（3）。

（3）将 n 的值赋给 m，将 r 的值赋给 n；再求 m 除以 n 的余数 r。

（4）转到第 2 步。

流程图如图 43.1 所示。

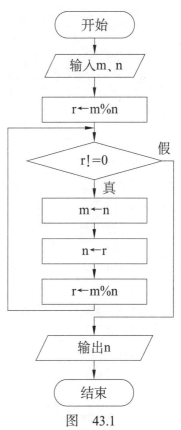

图　43.1

```cpp
#include <iostream>
using namespace std;
int main()
{
    long long m, n, r;
    cout << " 输入两个正整数 : ";
    cin>>m>>n;
    r=m%n;
    while(r!=0)
    {
        m=n;
```

```
    n=r;
    r=m%n;
  }
  cout << " 最大公约数 : " << n << endl;
  return 0;
}
```

运行结果：

输入两个正整数：15 18↙

最大公约数：3

？ 动动脑

1. 请问 21 和 14 的最大公约数用二进制表示为（　　　）。

    A. $(00000101)_2$ B. $(00000111)_2$

    C. $(00001000)_2$ D. $(10001110)_2$

2. 阅读程序写结果。

```
#include <iostream>
using namespace std;
int main()
{
  int x, y, temp, ans;
  cin>>x>>y;
  if(x<y)
  {
    temp=x;
    x=y;
    y=temp;
  }
  while(x!=y)
  {
    x-=y;
    if(x<y)
    {
      temp=x;
```

x	y	temp	ans

```
        x=y;
        y=temp;
      }
    }
  ans=x;
  cout << ans << endl;
  return 0;
}
```

输入：28 7

输出：＿＿＿＿＿＿＿＿＿＿

3. 完善程序。

幼儿园中班有 36 个小朋友，小班有 30 个小朋友。按班分组，两个班各组的人数一样多，问每组最多有多少个小朋友？

```
#include <iostream>
using namespace std;
int main()
{
  int x, y, n, temp;
  ＿＿＿＿＿＿＿＿＿＿;
  if(x>y)
  {
    temp=x;
    x=y;
    y=temp;
  }
  n=x;
  while(＿＿＿＿＿＿＿＿)
    n--;
  cout << " 每组的人数最多为 : " << n << endl;
  return 0;
}
```

第44课 角谷猜想
——while 语句的应用

对于每一个正整数，如果它是奇数，则对它乘 3 再加 1，如果它是偶数，则对它除以 2，如此循环，最终都能够得到 1，这就是由日本数学家角谷静夫发现的角谷猜想，又称为 3n+1 猜想。如取一个数字 6，根据上述公式，得出 $6 \to 3 \to 10 \to 5 \to 16 \to 8 \to 4 \to 2 \to 1$。

试编一程序，验证角谷猜想。

流程图如图 44.1 所示。

```cpp
#include <iostream>
using namespace std;
int main()
{
    long long x, count=0;
    cout << "x=";
    cin>>x;
    while(x!=1)
    {
        cout << x << "---->";
        if(x%2==1) x=x*3+1;
        else x/=2;
        count++;
    }
    cout << x << endl;
    cout << " 步数 : " << count << endl;
    return 0;
}
```

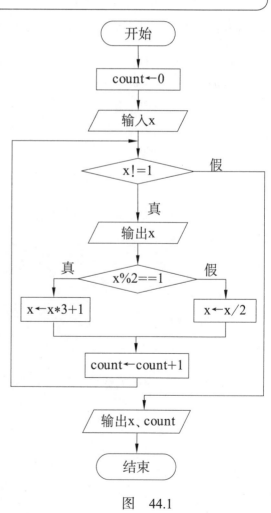

图 44.1

运行结果：

x= 6 ↙

6————>3————>10————>5————>16————>8————>4————>2————>1

步数：8

❓ 动动脑

1. 格莱尔在参加信息学社团的学习过程中，想在因特网上与他人进行即时讨论、交流，则下列工具中最适合的是（　　　）。

    A. E-mail（电子邮件）   B. BBS（电子公告栏）

    C. QQ   D. 博客

2. 阅读程序写结果。

```cpp
#include <iostream>
using namespace std;
int main()
{
  int n, x, s=0;
  cin>>n;
  x=n;
  while(x>=1)
  {
    if(n%x==0) ++s;
    --x;
  }
  cout << s << endl;
  return 0;
}
```

n	x	s

输入：8

输出：＿＿＿＿＿＿＿＿＿＿＿＿＿

3. 完善程序。

计算 2020-1+2-3+4-5+⋯±n 的值（n 为奇数时减，偶数时加）。

```cpp
#include <iostream>
using namespace std;
int main()
{
  int i, sum, n;
  _____;
  cout << "n=";
  cin>>n;
  i=1;
  while(i<=n)
  {
    if(_____)
      sum-=i;
    else
      sum+=i;
    i++;
  }
  cout << sum << endl;
  return 0;
}
```

第 45 课 蝴蝶效应
——双精度实数double及科学计数法

一只蝴蝶在巴西轻拍翅膀，可以导致一个月后美国得克萨斯州的一场龙卷风，一只海鸥扇动翅膀足以改变天气，这是美国气象学家爱德华·诺顿·罗伦兹在 1963 年提出的蝴蝶效应，表明初始条件的极小偏差，将会引起结果的极大差异。

> n 的初始值设为 1，让它产生极小偏差。减 0.01 后得到的值是 0.99，加 0.01 后得到的值是 1.01，以后每次得到的值都是自己乘自己。试编一程序算一算，第 15 次后分别是多少？

流程图如图 45.1 所示。

```
#include <iostream>
using namespace std;
int main()
{
    int n, i;
    double n1, n2;
    n=1;
    n1=n−0.01;
    n2=n+0.01;
    cout << "    " << n1;
    cout << "    " << n2 << endl;
    i=1;
    while(i<=15)
    {
        n1*=n1;
        n2*=n2;
        cout << i << "    " << n1 << "    " << n2 << endl;
        i++;
```

```
    }
    return 0;
}
```

运行结果：

  0.99   1.01

1 0.9801 1.0201

2 0.960596 1.0406

3 0.922745 1.08286

4 0.851458 1.17258

5 0.72498 1.37494

6 0.525596 1.89046

7 0.276252 3.57385

8 0.076315 12.7724

9 0.00582398 163.134

10 3.39187e−005 26612.6

11 1.15048e−009 7.08229e+008

12 1.3236e−018 5.01588e+017

13 1.75192e−036 2.5159e+035

14 3.06922e−072 6.32977e+070

15 9.42012e−144 4.0066e+141

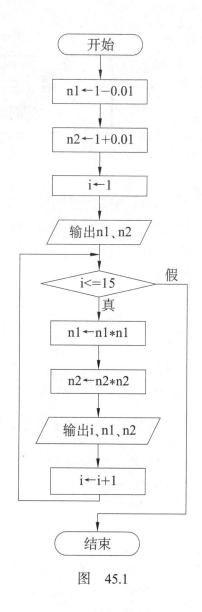

图　45.1

如 1.15048e−009、7.08229e+008 等数字是什么意思啊？

    实数又称为浮点数，类型包括正实数、负实数、实数零，如 12.8、−6.3、0.0 都是实数。其中 0.0 是实数零，而 0 是整数零。实数有两种表示方法，一种是日常表示法，如 3.14159、−0.6 等；另一种是科学计数法，如 7.9e+2、6.18e−1 等。

    科学计数法是采用指数形式表示实数，每个数由只含一位整数的数和指数两部分组成。如：

2900=2.9 × 1000=2.9 × 10^3=2.9e+3

0.0321=3.21 × 0.01=3.21 × 10^{-2}=3.21e-2

7.9e+2=7.9 × 10^2=7.9 × 100=790

6.18e-1=6.18 × 10^{-1}=6.18 × 0.1=0.618

3.14e0=3.14 × 10^0=3.14 × 1=3.14

1.15048e-009=0.00000000115048（小数点向左移动 9 位）

7.08229e+008=708229000（小数点向右移动 8 位）

double 为双精度实数（双精度浮点数），取值范围为 -1.79e308 ～ 1.79e308。

❓ 动动脑

1. 用科学计数法表示 2600，以下（　　　　）是正确的。

　　A. 2.6e+2　　　　　B. 2.6e+3　　　　　C. 2.6e-2　　　　　D. 2.6e-3

2. 阅读程序写结果。

```cpp
#include <iostream>
using namespace std;
int main()
{
    int n, x, s=0;
    cin>>n;
    x=1;
    while(x<=n)
    {
        if(x%3==1) s+=x;
        ++x;
    }
    cout << s << endl;
    return 0;
}
```

n	x	s

输入：20

输出：_____

3. 完善程序。

韩信带 1500 名士兵打仗，战死四五百人，幸存的士兵站 3 人一排，多出 2 人；站 5 人一排，多出 4 人；站 7 人一排，多出 6 人，算一算幸存的士兵至少有多少人？

```cpp
#include <iostream>
using namespace std;
int main()
{
  int i;
  i=1000;
  while(true)
  {
    if(i%3==2&&i%5==4&&i%7==6) _____;
    i++;
  }
  cout <<_____<< endl;
  return 0;
}
```

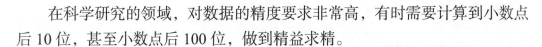

第 46 课　精益求精
——分数化为小数

在科学研究的领域，对数据的精度要求非常高，有时需要计算到小数点后 10 位，甚至小数点后 100 位，做到精益求精。

> 试编一程序，把分数 $\frac{1}{7}$ 转化成小数的形式，要求计算结果精确到小数点后 100 位。

我们先来看一下尼克初学时编写的程序。

```
#include <iostream>
using namespace std;
int main()
{
  cout << 1/7 << endl;
  cout << 1.0/7 << endl;
  cout << (double)1/7 << endl;
  return 0;
}
```

运行结果：

```
0
0.142857
0.142857
```

其中 (double)1/7，运用了强制类型转换运算符，将结果转换成双精度浮点数，但还不能输出小数点后 100 位。要解决此问题，我们先来研究一下 $1 \div 7$ 的运算过程，如图 46.1 所示。

$$1 \div 7 = 0 \cdots\cdots 1$$

```
      0.142
   ┌───────
7 │ 1.000
      7
   ───────
      30
      28
   ───────
      20
      14
   ───────
      6
```

图　46.1

$1 \times 10 \div 7 = 1 \cdots\cdots 3$（商 1，小数点后第 1 位上的数字）

$3 \times 10 \div 7 = 4 \cdots\cdots 2$（商 4，小数点后第 2 位上的数字）

$2 \times 10 \div 7 = 2 \cdots\cdots 6$（商 2，小数点后第 3 位上的数字）

……

把上一次产生的余数扩大 10 倍，再除以 7，得到的商就是当前数位上的数字。

流程图如图 46.2 所示。

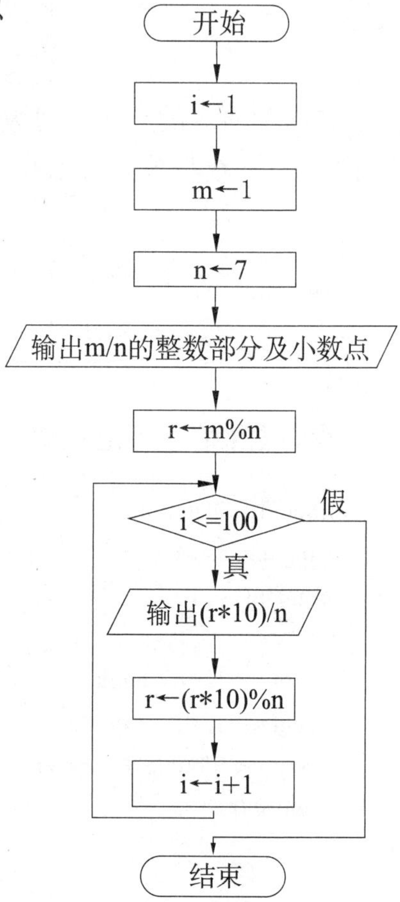

```cpp
#include <iostream>
using namespace std;
int main()
{
    int m,n,r,i=1;
    m=1;
    n=7;
    cout<<m/n<<'.';
    r=m%n;
    while(i<=100)
    {
        cout<<(r*10)/n;
        r=(r*10)%n;
        i++;
    }
    return 0;
}
```

图 46.2

运行结果：

0.1428571428571428571428571428571428571428571428571428571428571428571428571428571428571428571428571428571428571428571428

动动脑

1. 在计算机内部，一切信息存取、处理和传递的形式都是（   ）。

A. ASCII 码　　　　B. BCD 码　　　　C. 二进制　　　　D. 十六进制

2. 阅读程序写结果。

```cpp
#include <iostream>
using namespace std;
int main()
{
    int a, b, n, num=0;
    cin>>a>>b>>n;
    while(a<=b)
    {
        if(a%n==0) num++;
        a++;
        b-=10;
    }
    cout << num << endl;
    return 0;
}
```

a	b	n	num

输入：1 100 5

输出：_____

3. 完善程序。

输入三个正整数 a、b、n，输出 a÷b 的值，要求计算结果精确到小数点后 n（1≤n≤200）位。如输入 1　3　4，输出 0.3333；输入 2017　27　10，输出 74.7037037037。

```cpp
#include <iostream>
using namespace std;
int main()
{
    int a, b, n, ans, i;
    cout << "a b n=";
    cin>>a>>b>>n;
    _____;
    cout << ans;
    cout << '.';
```

```
   a%=b;
   for(i=1; i<=n; i++)
   {
     ans=(a*10)/b;
     cout << ans;
     _____;
   }
   return 0;
}
```

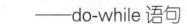

第 47 课　称心如意的输入
——do-while 语句

　　每次测试后狐狸老师总会把成绩输入计算机，进行处理分析。但输入时有时会出错，如当满分为 100 分时，输入小于 0 或大于 100 的数，表示输入有误。

　　　　试编一程序，输入某一位同学成绩时，自动检查输入数据的正确性，当输入有误时重新输入。

　　今天我们用 do-while 语句来编写这个程序。do-while 语句的特点是先执行循环体，然后判断循环条件是否成立。其一般形式为：

do

　　语句；

while（表达式）；

　　先执行一次循环体，然后判断表达式，当表达式的值为真（非 0）时，返回重新执行循环体语句，如此反复，直到表达式的值为假（0）为止，此时循环结束。它的执行过程如图 47.1 所示。do-while 语句常用于检验输入数据是否正确，以确保程序的正确运行。

　　本课程序的流程图如图 47.2 所示。

```
#include <iostream>
using namespace std;
int main()
{
  float x;
  do
  {
```

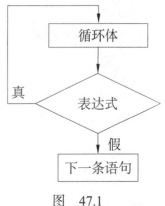

图　47.1

```
    cout << " 请输入成绩（0~100 ):";
    cin>>x;
}while(x<0||x>100);
cout << " 成绩 : " << x << endl;
return 0;
}
```

运行结果：

请输入成绩（0~100）：2000 ↙
请输入成绩（0~100）：-10 ↙
请输入成绩（0~100）：99 ↙
成绩：99

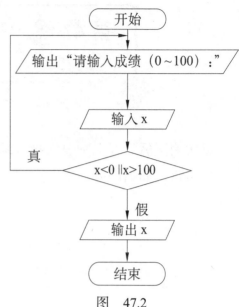

图 47.2

📖 英汉小词典

do [du:]　执行；做；干

❓ 动动脑

1. 如图 47.3 所示，是一张黑白两色位图，假如用白色表示 0，黑色表示 1，那么这幅黑白两色位置对应的二进制编码为（　　）。

图 47.3

A. 10011　　　　B. 11001　　　　C. 10100　　　　D. 01011

2. 阅读程序写结果。

```
#include <iostream>
using namespace std;
int main()
{
    int i=1, n, ans=0;
    cin>>n;
    do
    {
        ans+=i;
        i+=2;
```

i	n	ans

```
    }while(i<=n);
    cout << ans;
    return 0;
}
```

输入：10

输出：＿＿＿＿＿＿＿＿＿＿＿＿

3. 完善程序。

求 5+10+15+20+25+…+200 的和是多少。

```
#include <iostream>
using namespace std;
int main()
{
    int i=5, _____;
    do
    {
        sum+=i;
        _____;
    } while(i<=200);
    cout << "5+10+15+…+200=" << sum << endl;
    return 0;
}
```

第 48 课 加 加 乐
——各数位之和

尼克与格莱尔很喜欢玩"加加乐"游戏，游戏规则是一方报出一个数，另一方说出该数的各个数位之和。如尼克说 12，格莱尔就说 3；尼克说 567，格莱尔就说 18。

> 试编一程序，输入一个整数，输出它的各个数位之和。

变量 n 保存输入的数，sum 是累加器用于求各个数位之和，a 保存个位上的数字，个位上的数字可用 n%10 求出。流程图如图 48.1 所示。

```cpp
#include <iostream>
using namespace std;
int main()
{
  long long n;
  int a, sum=0;
  cout << " n= ";
  cin>>n;
  do
  {
    a=n%10;
    sum+=a;
    n=n/10;
  }while(n!=0);
  cout << " 各个数位之和 : " << sum << endl;
  return 0;
}
```

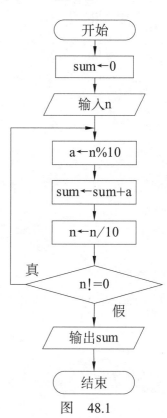

图 48.1

运行结果：

n=1234 ↙
各个数位之和：10

如输入 1234，则输出 10，运行过程如图 48.2 所示。

n	a	sum
1234		0
	4	0+4
123	3	0+4+3
12	2	0+4+3+2
1	1	0+4+3+2+1
0		

图　48.2

? 动动脑

1. 华为推出了一款新手机，该手机标配存储容量为 64GB。请问 1GB 容量可以存放（　　　）个英文字母？

A. 1024×1024×1024　　　　　B. 1024×1024

C. 1024×1024×1024/2　　　　D. 1024×1024×1024/8

2. 阅读程序写结果。

```
#include <iostream>
using namespace std;
int main()
{
  long long n;
  int sum=0, a;
  cin>>n;
  do
  {
    a=n%2;
```

sum	a	n

```
        sum+=a;
        cout << a;
        n/=2;
    } while(n!=0);
    cout << endl;
    cout << sum << endl;
    return 0;
}
```

输入：17

输出：_____

3. 完善程序。

输入一个正整数，输出该数的位数。如输入 789，输出 3；输入 445566，输出 6。

```
#include <iostream>
using namespace std;
int main()
{
    long long n, num=0;
    _____;
    do
    {
        _____;
        n/=10;
    }while(n>0);
    cout << num << endl;
    return 0;
}
```

第 49 课　大　大　大
——纯小数变整数

格莱尔非常喜欢看《西游记》，看见孙悟空念"大大大"就可以把金箍棒变大，念"小小小"就可以把金箍棒缩小，很羡慕。做数学作业时，看见纯小数，她就不由自主地念"大大大"，希望它变成一个整数。如 0.1 变成 1，0.125 变成 125。

> 试编一程序，输入一个纯小数，把它变成整数后输出（设纯小数的小数位数不超过 9）。

由于实数（浮点数）在内存中存放时是用有限的存储单元存储的，能提供的有效数字总是有限的，因此存储时可能会产生一些微小的误差。所以判断两个实数是否相等时，我们不能通过相等运算符（==）进行，而是通过判断两个实数相减后差的绝对值是否小于一个很小的数进行的。函数 fabs() 可以求浮点数的绝对值，函数 abs() 可以求整数的绝对值。流程图如图 49.1 所示。

```
#include <iostream>
#include <cmath>                    // 调用求浮点数绝对值的函数 fabs()
using namespace std;
int main()
{
    double x, y;
    long long num;
    cout << " 请输入一个纯小数 " << endl;
    do
    {
        cout << " x= ";
        cin>>x;
```

```
    }while(x>=1||x<=0);
    num=1;
    do
    {
        num*=10;
        y=x*num;
    }while(fabs(y-(int)y)>1e-9);
    cout << int(y) << endl;
    return 0;
}
```

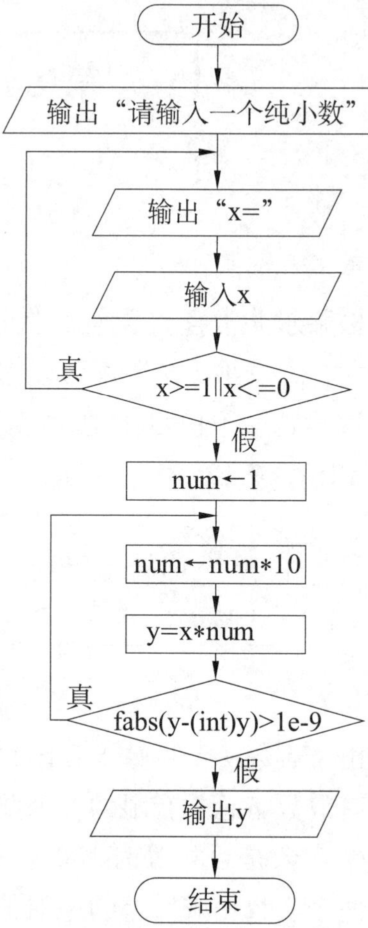

运行结果：

请输入一个纯小数
x=0.125 ↙
125

图 49.1

运用强制类型转换运算符 (int)y 或 int(y)，将结果转换成整型。

❓ 动动脑

1. 把 1 平均分成 3 份，每份就是 $\frac{1}{3}$，即 $0.\dot{3}$，于是 1 （　　　） $0.\dot{9}$。

  A. >   B. <   C. =   D. ≠

2. 阅读程序写结果。

```
#include <iostream>
using namespace std;
int main()
{
    int n, i, ans=0;
    cin>>n;
    i=1;
    do
    {
```

n	i	ans

```
        if(n%i==0) ans++;
        i++;
    }while(i<=n);
    cout << ans << endl;
    return 0;
}
```

输入：10

输出：＿＿＿＿＿＿＿＿＿＿＿＿＿＿＿＿＿

3. 完善程序。

输入一个浮点数，输出其小数的位数。如输入 1.6，输出 1；输入 90.1234567890987654321，输出 19。（字符输入函数 getchar() 的作用是从终端输入一个字符，字符输出函数 putchar() 的作用是向终端输出一个字符。）

```
#include <iostream>
#include <cstdio>                    // 调用字符输入函数 getchar()
using namespace std;
int main()
{
    _____;
    bool flag=false;
    int num=0;
    while((ch=getchar())!='\n')       // 当读入的字符非换行符时，就重复读入
    {                                 // 换行符用 '\n' 表示
        if(flag)
            if(ch>='0'&&ch<='9')
                _____;
            else
            {
                num=0;
                break;
            }
        if(_____) flag=true;
    }
    if(num>0)
        cout<<num<<endl;
    else
        cout<<" 输入不正确！"<<endl;
    return 0;
}
```

第 50 课　书香阁的座位数

——数学计算

风之巅小学的书香阁有 312 个座位，已知第一排有 15 个座位，以后每排增加 2 个座位，最后一排有几个座位？一共有几排？

试编一程序算一算。

用变量 p 表示当前的排数，x 表示当前排的座位数，sum 表示当前的总座位数。当总座位数不等于 312 时，排数 p+1，每排的座位数 x+2，不停地循环；当总座位数等于 312 时，退出循环，输出最后一排的座位数 x，输出排数 p。流程图如图 50.1 所示。

```cpp
#include <iostream>
using namespace std;
int main()
{
    int sum, p, x;
    p=1;
    x=15;
    sum=x;
    cout << p << "   " << x;
    cout << "   " << sum << endl;
    do
    {
        p++;
        x+=2;
        sum+=x;
        cout << p << "   " << x << "   " << sum << endl;
    }while(sum !=312);
```

```
cout << " 最后一排的座位数 : " << x << endl;
cout << " 排数 : " << p << endl;
return 0;
}
```

运行结果：

```
1  15  15
2  17  32
3  19  51
4  21  72
5  23  95
6  25  120
7  27  147
8  29  176
9  31  207
10  33  240
11  35  275
12  37  312
最后一排的座位数：37
排数：12
```

在 do-while 循环中输出变量 p、x、sum 的值，可以清楚地看到每排的座位数和到当前排的总座位数。

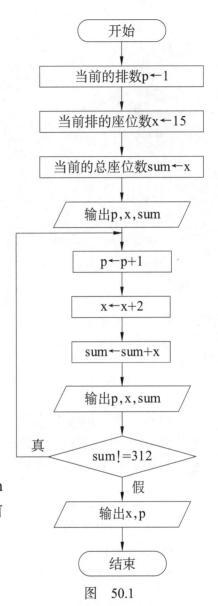

图　50.1

❓ 动动脑

1. 操作系统是对（　　）进行管理的系统软件。

A. 软件　　　　　　　　B. 硬件

C. 计算机资源　　　　　D. 应用程序

2. 阅读程序写结果。

```
#include <iostream>
using namespace std;
```

```cpp
int main()
{
    int x, ans;
    cin>>x;
    ans=0;
    do
    {
        ans+=x%8;
        x/=8;
    }while(x!=0);
    cout << ans << endl;
    return 0;
}
```

x	ans

输入：100

输出：＿＿＿＿＿＿＿＿

3. 完善程序。

格莱尔有一箱积木，用它可以拼出赛车、青蛙、毛毛虫等作品。这箱积木共有 x 块积木组件，已知 x 与 6 的和是 13 的倍数，与 6 的差是 12 的倍数，求这箱积木至少有多少块？

```cpp
#include <iostream>
using namespace std;
int main()
{
    int x;
    x=0;
    do
    {
        _____;
    }while((x+6)%13!=0||(x−6)%12!=0);
    cout << _____ << endl;
    return 0;
}
```

第 51 课 拍手游戏
——模拟法

在一次风之巅小学文艺汇演中，狐狸老师、尼克、格莱尔同台演出，其中有个环节是拍手游戏，狐狸老师每 1 秒拍一次手，尼克每 2 秒拍一次，格莱尔每 4 秒拍一次。三人同时开始拍第一次手，每人都拍 10 次。

试编一程序，算一算观众可听到多少声掌声？

按时间顺序，根据每个人的条件模拟拍手过程。开始时，时间为 0 秒，每人都拍了 1 次，这时观众听到 1 声掌声，每人剩下 9 次，然后逐一模拟拍手，直到三人各自拍满 9 次为止。程序中变量 time 是时间，count 是观众听到的掌声，flag 是有人拍手的标记，teacher、nike、glair 分别表示狐狸老师、尼克、格莱尔的拍手次数。流程图如图 51.1 所示。

```cpp
#include <iostream>
using namespace std;
int main()
{
    int time, count, teacher, nike, glair;
    bool flag;
    time=0;
    count=1;
    teacher=nike=glair=0;
    do
    {
        flag=0;
        time++;
        if(teacher<9)
        {
            teacher++;
```

```
        flag=1;
    }
    if(nike<9&&time%2==0)
    {
        nike++;
        flag=1;
    }
    if(glair<9&&time%4==0)
    {
        glair++;
        flag=1;
    }
    if(flag) count++;
}while(teacher+nike+glair<9*3);
cout << count << endl;
return 0;
}
```

运行结果：

20

❓ 动动脑

1. 下列选项中不属于图像格式的是（   ）。

    A. jpeg 格式
    B. txt 格式
    C. gif 格式
    D. png 格式

2. 阅读程序写结果。

```
#include <iostream>
using namespace std;
int main()
{
    int n, t, ans;
```

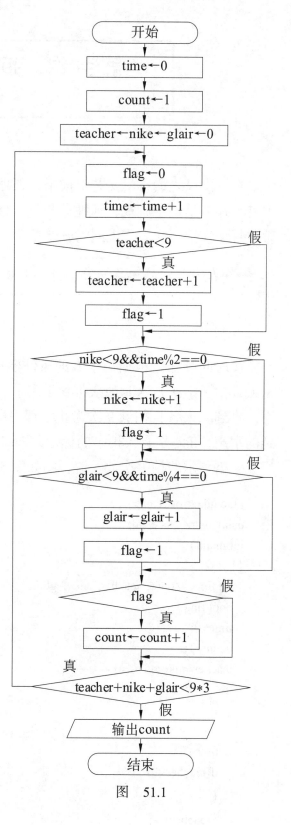

图 51.1

```
  n=1;
  t=2;
  ans=0;
  do
  {
    n*=t;
    ans+=n;
  }while(n<=1e+3);
  cout << ans << endl;
  return 0;
}
```

n	t	ans

输出：_____

3. 完善程序。

用另一种方法算一算观众可听到多少声掌声（时间为 0 秒时，每人同时拍了 1 次手，所以狐狸老师拍完 10 次手用了 9 秒，尼克用了 18 秒，格莱尔用了 36 秒）。

```
#include <iostream>
using namespace std;
int main()
{
  int ans=10, time=10;
  bool flag=0;
  do
  {
    flag=0;
    if(time<=18&&time%2==0) flag=1;
    if(time<=36&&time%4==0) flag=1;
    if(flag) ans++;
    _____;
  }while(time<=36);
  cout <<_____<< endl;
  return 0;
}
```

第 52 课 报 数 游 戏

——模拟法

尼克和格莱尔玩报数游戏，尼克按 1 ~ 20 报数，格莱尔按 1 ~ 30 报数。若两人同时开始，并以同样的速度报数，当两人都报了 1000 个数时，同时报相同数的次数是多少？

试编一程序，算一算报相同数的次数。

模拟报数过程，用 nike 表示尼克报的数，用 glair 表示格莱尔报的数，n 为两人报的数的个数，num 用于统计报相同数的次数。流程图如图 52.1 所示。

```cpp
#include <iostream>
using namespace std;
int main()
{
    int n, nike, glair, num=0;
    nike=glair=0;
    n=0;
    do
    {
        nike++;
        if(nike>20) nike=1;
        glair++;
        if(glair>30) glair=1;
        if(nike==glair) num++;
        n++;
    }while(n<1000);
    cout << num << endl;
    return 0;
}
```

运行结果：

340

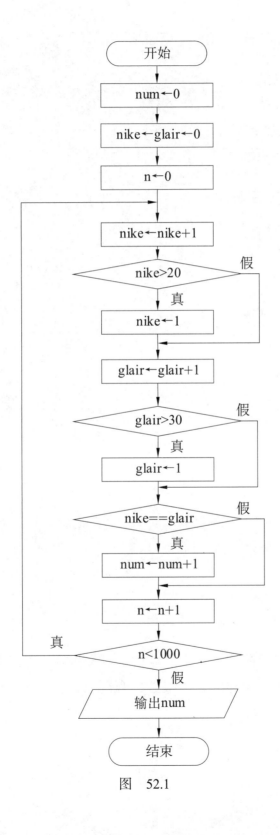

图　52.1

❓ 动动脑

1. 计算机网络最突出的优点是（   ）。

    A. 计算精度高

    B. 内存容量大

    C. 运算速度快

    D. 可以实现资源共享

2. 阅读程序写结果。

```cpp
#include <iostream>
using namespace std;
int main()
{
  long long n, ans=0, k=1;
  cin>>n;
  do
  {
    ans+=2;
    n-=k;
    k+=10*ans;
  }while(k<=n);
  cout << ans;
  return 0;
}
```

n	ans	k

输入：100

输出：＿＿＿＿＿＿＿＿

3. 完善程序。

尼克和格莱尔玩报数游戏，尼克按 1～x 报数，格莱尔按 1～y 报数。两人同时开始，并以同样的速度报数，当两人都报了 m 个数时，统计出两人同时报相同数的次数。

```cpp
#include <iostream>
using namespace std;
```

```cpp
int main()
{
    int n, nike, glair, num=0;
    int x, y, m;
    cout << " m= ";
    cin>>m;
    cout << " x, y= ";
    _____;
    nike=glair=0;
    for(n=1; n<=m; n++)
    {
        _____;
        if(nike>x) nike=1;
        glair++;
        if(glair>y) glair=1;
        if(nike==glair) num++;
    }
    cout <<_____<< endl;
    return 0;
}
```

第 53 课　化功大法
——纯小数转化为最简分数

将一个纯小数转化成最简分数的方法，被尼克戏称为"化功大法"。

　　　　试编一个"化功大法"程序，输入一个纯小数，输出它的最简分数（设纯小数的小数位数不超过 9）。

如将 0.125 化成最简分数时，先把 0.125 化成分数的形式 $\dfrac{125}{1000}$，然后找出分子 125 和分母 1000 的最大公约数 125，让 125 和 1000 同时除以它们的最大公约数 125，这时就成了最简分数 $\dfrac{1}{8}$。流程图如图 53.1 所示。

```cpp
#include <iostream>
#include <cmath>  // 调用求浮点数绝对值的函数 fabs()
using namespace std;
int main()
{
  double x, y;
  long long a, b, i, j;
  cout << " 请输入一个纯小数 " << endl;
  do
  {
    cout << " x= ";
    cin>>x;
  }while(x>=1||x<=0);
  a=1;
  y=x;
  while(fabs(y-(int)y)>1e-10)      // 纯小数化成整数
  {
    a*=10;
    y=x*a;      // 不可以直接写成 y=y*10;
  }           // 因误差不停地扩大，会出现死循环
  b=y;
```

图　53.1

（流程图）
开始
↓
输入一个纯小数x
↓
将x扩大a倍后化成整数b
↓
找出a和b的最大公约数j
↓
输出最简分数
↓
结束

```
    cout << b << ' / ' << a << endl;
    for(i=b; i>=1; i- -)                    // 求出 a 和 b 的最大公约数
        if(b%i==0&&a%i==0)
        {
            j=i;                            // 找出最大公约数后 , 赋值给 j
            break;                          // 退出循环
        }
    cout << " 最简分数为：";
    cout << b/j << ' / ' << a/j << endl;
    return 0;
}
```

运行结果：

请输入一个纯小数
x=0.125 ↙
125/1000
最简分数为：1/8

❓ 动动脑

1. 格莱尔收到一封主题为"这是我最近的照片"的陌生电子邮件，你认为他最好应该（　　）。

　　A. 直接删除　　　B. 打开看看　　　C. 直接转发给同学　　　D. 下载保存

2. 阅读程序写结果。

```
#include <iostream>
using namespace std;
int main()
{
    int m, sum=0;
    cin>>m;
    do
    {
        sum=sum*10+m%10;
        m/=10;
```

m	sum

```
}while(m!=0);
cout << sum << endl;
return 0;
}
```

输入：123

输出：_____

3. 完善程序。

把 3.14159 四舍五入保留 n 位小数（1 ≤ n ≤ 5）。如 n=1 时输出 3.1；
n=4 时输出 3.1416。

```
#include <iostream>
using namespace std;
int main()
{
    double x, y;
    int n, m=1;
    x=3.14159;
    cout << " n= ";
    do
    {
        _____;
    }while(n<1||n>5);
    for(int i=1; i<=n; i++)
        _____;
    y=(int)(x*m+0.5);
    y=y/m;
    cout << y << endl;
    return 0;
}
```

拓展阅读：计算机系统

一个完整的计算机系统由硬件系统和软件系统构成。硬件系统是看得见、摸得着的物理部件或设备，如主板、显卡等，是计算机的一个实体部件。软件系统以程序或文档的形式存在，它以硬件为载体来传达信息，如 QQ 和 Microsoft Word 等。

计算机的硬件系统由运算器、控制器、存储器、输入设备、输出设备五个基本部分组成，各部件之间用总线相连接，系统总线成为计算机内部传输各种信息的通道。运算器和控制器是计算机的核心，一般集成为中央处理器（CPU）。主机一般包括 CPU 和内存储器，通常放在主机箱中。存储器按用途可分为内存诸器（内存）和外存储器（外存），它们有严格的分工。外存是存放程序和数据的"仓库"，如硬盘、光盘、U 盘等，可以长时间地保存大量信息。但程序必须调入内存方可执行，待处理的数据也只有进入内存后才能被程序加工。键盘、鼠标是常用的输入设备，打印机、显示器是常用的输出设备。

软件系统着重解决如何管理和使用计算机的问题，没有任何软件支持的计算机称为"裸机"。软件一般可分为系统软件和应用软件两大类。系统软件包括操作系统、语言处理程序（汇编和编译程序等）、数据库管理系统等，如 Windows 10 操作系统、C++ 编译程序都是系统软件。应用软件是为满足各种需求而编写的程序，如文字处理软件 WPS、学籍管理系统、校园铃声系统等都是应用软件。

计算机系统是硬件和软件有机结合的整体，随着技术的发展，系统中的同一功能既可以用硬件实现，也可以由软件来完成，从这个意义上说，硬件和软件在逻辑功能上是可以等效的。

第5单元 多重循环

格莱尔是个爱运动的学生，星期一到星期五，每天都要在操场上练习运球投篮 20 次。也就是说，星期一要进行第 1 次运球投篮，第 2 次运球投篮，第 3 次运球投篮，……，第 20 次运球投篮；星期二要进行第 1 次运球投篮，第 2 次运球投篮，第 3 次运球投篮，……，第 20 次运球投篮。……，星期五要进行第 1 次运球投篮，第 2 次运球投篮，第 3 次运球投篮，……，第 20 次运球投篮。

下一个星期又重复着这个星期的故事……

第 54 课　有规律的图形
——循环的嵌套

> 试编一程序，在一行中输出 5 个 "*" 号。

用一个 for 循环就可以实现，每次输出一个 "*" 号，循环 5 次。

```cpp
#include <iostream>
using namespace std;
int main()
{
    int j;
    for(j=1; j<=5; j++)
        cout << ' * ';
    return 0;
}
```

运行结果：

*****

> 再编一程序，每次输出 3 行，每行 5 个 "*" 号。

> 把上面的程序重复 3 遍？

```cpp
#include <iostream>
using namespace std;
int main()
{
  int j;
  for(j=1; j<=5; j++)
    cout << '*';
  cout << endl;
  for(j=1; j<=5; j++)
    cout << '*';
  cout << endl;
  for(j=1; j<=5; j++)
    cout << '*';
  cout << endl;
  return 0;
}
```

运行结果：

```
*****
*****
*****
```

在上面的程序中，虚线框中的语句重复出现 3 次，可不可以在外层再加一个循环语句来实现呢？当然可以。流程图如图 54.1 所示。

```cpp
#include <iostream>
using namespace std;
int main()
{
  int i, j;
  for(i=1; i<=3; i++)
  {
    for(j=1; j<=5; j++)
      cout << '*';
    cout << endl;
  }
```

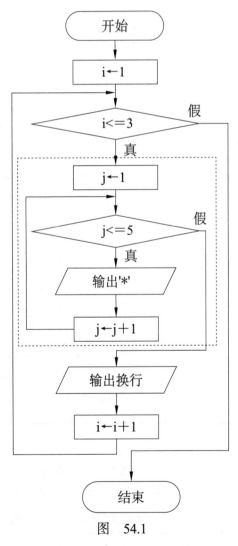

图　54.1

```
    return 0;
}
```

运行结果：

*****
*****
*****

程序运行时，各变量的变化及循环体执行情况如表 54.1 所示。

表 54.1

变量 i	变量 j	循环体执行情况
1	1	输出 '*'
	2	输出 '*'
	3	输出 '*'
	4	输出 '*'
	5	输出 '*'
	6	退出内循环，输出换行
2	1	输出 '*'
	2	输出 '*'
	3	输出 '*'
	4	输出 '*'
	5	输出 '*'
	6	退出内循环，输出换行
3	1	输出 '*'
	2	输出 '*'
	3	输出 '*'
	4	输出 '*'
	5	输出 '*'
	6	退出内循环，输出换行
4	退出外循环	

这种循环体中又引入循环语句的方式，称为循环的嵌套，处于外层的循环叫作外循环，处于内层的循环叫作内循环，根据嵌套的层数有双重循环、三重循环等。

我们来看一下，下面这段程序是不是双重循环？

```
for(i=1; i<=3; i++)
  cout <<'*';
for(j=1; j<=5; j++)
  cout <<'*';
cout<<endl;
```

这两个循环是并列关系，不是嵌套关系，所以不是双重循环。

❓ 动动脑

1. 尼克在家里通过网络观看狐狸老师的 C++ 教学视频，可以选择 1280×720 高清模式，也可以选择 1920×1080 全高清模式。请问 1280×720 和 1920×1080 指的是（　　　　）。

    A. 内存　　　　　　　　　B. 存储容量

    C. 分辨率　　　　　　　　D. 显示器大小

2. 阅读程序写结果。

```cpp
#include <iostream>
using namespace std;
int main()
{
  int i, j;
  for(i=1; i<=3; i++)
  {
    for(j=1; j<=5; j++)
      cout << j;
    cout << endl;
  }
  return 0;
}
```

i	j

输出：_____

3. 完善程序。

编程序输出如图 54.2 所示的图形。

```
#include <iostream>
using namespace std;
int main()
{
    int i, j;
    for(i=1; _____ ; i++)
    {
        for(j=1; _____ ; j++)
            cout << _____ ;
        cout << endl;
    }
    return 0;
}
```

```
11111
22222
33333
44444
```

图　54.2

第 55 课　图形的窍门
——双重循环的应用

试编一程序，输出如图 55.1 所示的三角形图形。

```
*
**
***
****
*****
```
图　55.1

行数是 5，但每行"*"的个数不是固定值，而是随着行数的增加而增加。第 1 行 1 个，第 2 行 2 个，第 3 行 3 个，……，第 i 行 i 个，可以用双重循环来实现。流程图如图 55.2 所示。

```cpp
#include <iostream>
using namespace std;
int main()
{
  int i, j;
  for(i=1; i<=5; i++)
  {
    for(j=1; j<=i; j++)
      cout <<'*';
    cout << endl;
  }
  return 0;
}
```

运行结果如图 55.1 所示。

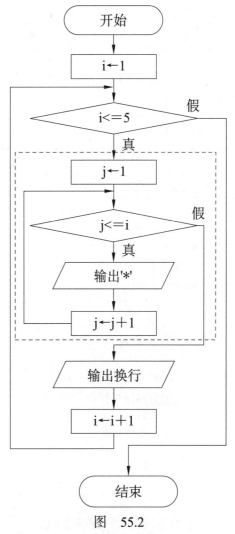

图　55.2

我想输出如图 55.3 所示的图形，有什么窍门吗？

```
        *
       ***
      *****
     *******
    *********
```
图　55.3

每行输出的 "＊" 号的个数与行数的关系，如表 55.1 所示。

表　**55.1**

行数	1	2	3	…	i	…
个数	1	3	5	…	2*i-1	…

假设第 1 行的 "＊" 前有 40 个空格，行数与每行输出位置的关系如表 55.2 所示。

表　**55.2**

行数	1	2	3	…	i	…
前面的空格数	40	39	38	…	41-i	…

```cpp
#include <iostream>
#include <iomanip>                    // 为了使用 setw 操作符设置域宽
using namespace std;
int main()
{
  int i, j;
  for(i=1; i<=5; i++)                 // 外循环控制行数
  {
    cout << setw(41-i)<<'';           // 指定每行的第一个 * 号的位置
    for(j=1; j<=i*2-1; j++)           // 内循环控制每行的个数
      cout <<'*';                     // 输出的内容
    cout << endl;                     // 换行
  }
  return 0;
}
```

运行结果如图 55.3 所示。

❓动动脑

1. 家用扫地机器人具有自动避障、清扫、自动充电等功能，这主要是应用了信息技术中的（　　　）。

　　A. 人工智能技术　　　　　　B. 网络技术

　　C. 多媒体技术　　　　　　　D. 数据管理技术

2. 阅读程序写结果。

```cpp
#include <iostream>
using namespace std;
int main()
{
  int i, j;
  char t=' A ';
  for(i=1; i<=3; i++)
  {
      for(j=1; j<=i; j++)
        cout << t;
      cout << endl;
      t++;
  }
  return 0;
}
```

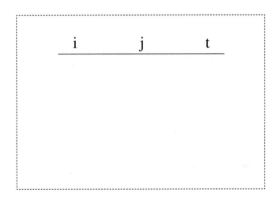

输出：＿＿＿＿＿＿＿＿＿

3. 完善程序。

编程序输出如图 55.4 所示的图形。

```cpp
#include <iostream>
#include <iomanip>
using namespace std;
int main()
{
  int i, j, t=0;
```

```
0
12
345
6789
```
图　55.4

```cpp
    for(i=1; _____ ; i++)
    {
        cout << setw(40);
        for(j=1; j<=i; j++)
        {
            cout << t;
            _____;
        }
        _____;
    }
    return 0;
}
```

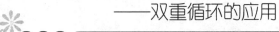

第 56 课 九九乘法表
——双重循环的应用

试编一程序，输出九九乘法表。

用双重循环可以实现。流程图如图 56.1 所示。

```cpp
#include <iostream>
#include <iomanip>
using namespace std;
int main()
{
  int i, j;
  for(i=1; i<=9; i++)
  {
    for(j=1; j<=i; j++)
      cout << j << ' * ' << i << ' = ' << setw(2) << i*j << " ";
    cout << endl;
  }
  return 0;
}
```

运行结果：

```
1*1= 1
1*2= 2 2*2= 4
1*3= 3 2*3= 6 3*3= 9
1*4= 4 2*4= 8 3*4=12 4*4=16
1*5= 5 2*5=10 3*5=15 4*5=20 5*5=25
1*6= 6 2*6=12 3*6=18 4*6=24 5*6=30 6*6=36
1*7= 7 2*7=14 3*7=21 4*7=28 5*7=35 6*7=42 7*7=49
```

1*8= 8 2*8=16 3*8=24 4*8=32 5*8=40 6*8=48 7*8=56 8*8=64
1*9= 9 2*9=18 3*9=27 4*9=36 5*9=45 6*9=54 7*9=63 8*9=72 9*9=81

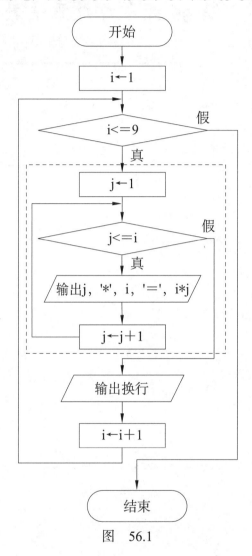

图　56.1

❓ 动动脑

1. 物联网在生活中得到了越来越广泛的应用，下列不属于物联网应用的是（　　）。

　　A. 手机远程遥控家中电器的运行

　　B. 电视遥控器遥控电视

　　C. 高速公路收费站 ETC 通道

　　D. 手机远程调控蔬菜大棚的温度

2. 阅读程序写结果。

```cpp
#include <iostream>
using namespace std;
int main()
{
    int i, j, ans=0;
    for(i=1; i<=3; i++)
        for(j=1; j<=5; j++)
            ans++;
    cout << ans << endl;
    return 0;
}
```

i	j	ans

输出：_____

3. 完善程序。

求数 $\frac{9}{99}$ 在 $\frac{1}{1}$，$\frac{1}{2}$，$\frac{2}{2}$，$\frac{1}{3}$，$\frac{2}{3}$，$\frac{3}{3}$，$\frac{1}{4}$，$\frac{2}{4}$，$\frac{3}{4}$，$\frac{4}{4}$，…，中排在第几位？

```cpp
#include <iostream>
using namespace std;
int main()
{
    int i, j, ans;
    ans=0;
    for(i=1; i<=99; i++)
        for(j=1; j<=i; j++)
        {
            _____;
            if(i==99&&j==9) _____;
        }
    cout << ans << endl;
    return 0;
}
```

第57课　鸡兔同笼
——双重循环的应用

大约在 1500 年前,《孙子算经》中就记载了这个有趣的问题。书中是这样叙述的:"今有雉兔同笼,上有三十五头,下有九十四足,问雉兔各几何?"这四句话的意思是:"有若干只鸡兔同在一个笼子里,从上面数,有 35 个头;从下面数,有 94 只脚。鸡和兔各有多少只?"

> 试编一程序,求笼中鸡和兔各有几只?

可以用枚举算法,鸡兔同笼,有 35 个头,则鸡最少 1 只,最多 34 只,有 94 只脚,则兔子最少 1 只,最多 23 只。当满足头 35 个、脚 94 只时,输出鸡和兔的只数。流程图如图 57.1 所示。

```cpp
#include <iostream>
using namespace std;
int main()
{
    int ji, tu;
    for(ji=1; ji<=34; ji++)
      for(tu=1; tu<=23; tu++)
      {
        if(ji+tu==35)
          if(ji*2+tu*4==94)
            cout << " 鸡 : " << ji << "  兔 : " << tu << endl;
      }
    return 0;
}
```

运行结果:

鸡: 23　兔: 12

可以把两个条件用逻辑与（&&）连接起来。

if(ji+tu==35&&ji*2+tu*4==94)
　cout<< " 鸡： " <<ji<< "　兔： " <<tu<<endl;

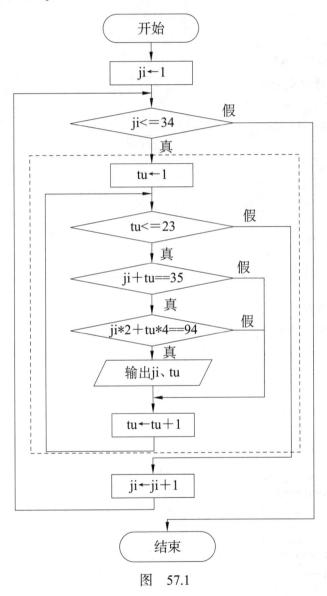

图　57.1

❓动动脑

1. 尼克的手机在风之巅广场搜索到 Wi-Fi 信号，便可通过 Wi-Fi 上网，这是应用了（　）技术。

　　A. 虚拟现实　　　B. 无线网络　　　C. 网络安全　　　D. 人工智能

2. 阅读程序写结果。

```cpp
#include <iostream>
using namespace std;
int main()
{
    int i, j, ans=0;
    for(i=1; i<=3; i++)
        for(j=1; j<=5; j++)
            ans+=i;
    cout << ans << endl;
    return 0;
}
```

i	j	ans

输出 : _____

3. 完善程序。

求 $1 \times 1 \times 1 \times 1 + 2 \times 2 \times 2 \times 2 + 3 \times 3 \times 3 \times 3 + \cdots + n \times n \times n \times n$ 的和是多少 ?

```cpp
#include <iostream>
using namespace std;
int main()
{
    int i, j, n;
    long long sum, sumn;
    sum=0;
    cout << " n= " ;
    cin>>n;
    for(i=1; i<=n; i++)
    {
        _____;
        for(j=1; j<=4; j++)
            sumn*=i;
        _____;
    }
    cout << sum << endl;
    return 0;
}
```

第 58 课 百钱买百鸡
——三重循环与程序的优化

　　格莱尔在学趣味数学时，遇到了"百钱买百鸡"的问题：3 文钱可以买 1 只公鸡，2 文钱可以买 1 只母鸡，1 文钱可以买 3 只小鸡，要用 100 文钱买 100 只鸡（每种鸡至少买 1 只）。能不能让计算机来帮她解题呢？

> 试编一程序，求公鸡、母鸡、小鸡各有多少只？

　　如果 100 文钱全部买公鸡，最多可以买几只？ 33 只；如果 100 文钱全部买母鸡，最多可以买几只？ 50 只；如果 100 文钱全部买小鸡，最多可以买几只？ 300 只？不对，鸡一共有 100 只，所以小鸡最多是 100 只。可以用枚举法，依次枚举每种鸡的只数，如果同时满足"百钱""百鸡"两个条件，那么就输出每种鸡相应的只数。

　　　　　　　　公鸡 + 母鸡 + 小鸡 =100 只
　　　　　　　　买公鸡的钱 + 买母鸡的钱 + 买小鸡的钱 =100 文

```cpp
#include <iostream>
#include <iomanip>
using namespace std;
int main()
{
  int gongji,muji,xiaoji;
  cout<<setw(5)<<" 公鸡 " <<setw(5)<<" 母鸡 " <<setw(5)<<" 小鸡 " <<endl;
  for(gongji=1; gongji<=33; gongji++)
    for(muji=1; muji<=50; muji++)
      for(xiaoji=1; xiaoji<=100; xiaoji++)
        if ((gongji+muji+xiaoji==100）&&(gongji*3+muji*2+xiaoji/3.0==100))
          cout<<setw(5)<<gongji<<setw(5)<<muji<<setw(5)<<xiaoji<<endl;
  return 0;
}
```

运行结果：

公鸡	母鸡	小鸡
5	32	63
10	24	66
15	16	69
20	8	72

这个程序中 3 个 for 循环相嵌套，构成了三重循环，那么最内层的循环体 if 语句中的表达式要执行几次呢 ?33×50×100=165000 次。

为了减少程序的运行时间，对程序的优化是很有必要的。同样一个程序，好算法的效率可以比差算法提高几倍或几十倍，在循环语句中的初值、终值的选定，循环的嵌套次数以及循环体的优化都是很重要的。

```cpp
#include <iostream>
#include <iomanip>
using namespace std;
int main()
{
  int gongji, muji, xiaoji;
  cout << setw(5) << "公鸡 " << setw(5) << "母鸡 " << setw(5) << "小鸡 " << endl;
  for(gongji=1; gongji<=33; gongji++)
    for(muji=1; muji<=50; muji++)
    {
      xiaoji=100-gongji-muji;
      if (gongji*3+muji*2+xiaoji/3.0==100)
        cout << setw(5) << gongji << setw(5) << muji << setw(5) << xiaoji << endl;
    }
  return 0;
}
```

运行结果：

公鸡	母鸡	小鸡
5	32	63
10	24	66
15	16	69
20	8	72

把三重循环简化成双重循环后，if 语句中表达式判断的次数为 $33 \times 50=1650$ 次。

想一想，能把 if 语句中的 xiaoji/3.0 改成 xiaoji/3 吗？即

gongji*3+muji*2+xiaoji/3==100

变量 xiaoji 和常量 3 都是整型，因此 xiaoji/3 也是整型，当有小数时会自动舍弃转化为整数，而 3.0 是实型，xiaoji/3.0 也是实型，如表 58.1 所示。

表 58.1

xiaoji 的值	xiaoji/3 的值	xiaoji/3.0 的值
1	0	0.333333
2	0	0.666667
3	1	1.0
4	1	1.333333
5	1	1.666667
⋮	⋮	⋮
96	32	32.0
97	32	32.333333
98	32	32.666667
99	33	33.0
100	33	33.333333

细节决定成败！

❓ 动动脑

1. 常听说计算机中了"木马"，下面关于"木马"描述正确的是
（　　）。

    A. 是指木头做的马
    B. 是指计算机中非常隐秘的恶意程序，能直接对计算机产生危害
    C. 木马病毒是通过特定的木马程序来控制另一台计算机
    D. 如果计算机中了木马，该计算机任何时间都会被木马控制

2. 阅读程序写结果。

```
#include <iostream>
using namespace std;
```

```cpp
int main()
{
    int i, j, ans=0;
    i=1;
    while(i<=3)
    {
        for(j=1; j<=5; j++)
            ans+=j;
        i++;
    }
    cout << ans << endl;
    return 0;
}
```

i	j	ans

输出：_____

3. 完善程序。

有一个三位数，个位数字比百位数字大，而百位数字又比十位数字大，并且各位数字之和等于各位数字相乘之积，求此三位数。

```cpp
#include <iostream>
using namespace std;
int main()
{
    int ge, shi, bai, ans;
    for(shi=1; shi<=7; shi++)
        for(bai=shi+1; bai<=8; bai++)
            for(ge=bai+1; ge<=9; ge++)
            {
                if(_____)
                {
                    _____;
                    cout << ans << endl;
                }
            }
    return 0;
}
```

第 59 课 比特童币
——四重循环

比特童币是风之巅小学信息学社团的奖励积分卡，同学们获得比特童币后可以在每月最后一周的周五，到比特超市购买文具、玩具、零食等商品，同时也可以存入风之巅比特银行，获得利息。今天狐狸老师布置了一个学习任务，同学们完成后可以获得 $(1000)_2$ 元比特童币，其中 $(1000)_2=(8)_{10}$。

> 试编一程序，输出 $(0000)_2$ 至 $(1111)_2$ 之间所有的整数及对应的十进制数。

要输出 $(0000)_2$ 至 $(1111)_2$ 之间所有的整数，可以用枚举算法。用变量 a1、a2、a3、a4 分别表示二进制数从右边数第一位、第二位、第三位、第四位上的数字。运用四重循环从 $(0000)_2$ 至 $(1111)_2$ 依次枚举，流程图如图 59.1 所示。

```cpp
#include <iostream>
using namespace std;
int main()
{
  int a1, a2, a3, a4, n;
  for(a4=0; a4<=1; a4++)
    for(a3=0; a3<=1; a3++)
      for(a2=0; a2<=1; a2++)
        for(a1=0; a1<=1; a1++)
        {
          n=a4*8+a3*4+a2*2+a1*1;
          cout << a4 << a3 << a2 << a1 << " B   " << n << endl;
        }
  return 0;
}
```

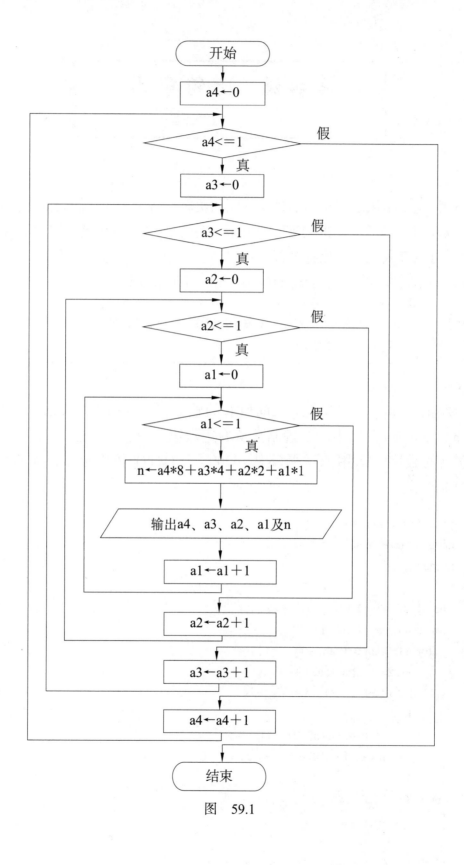

图 59.1

运行结果:

```
0000B   0
0001B   1
0010B   2
0011B   3
0100B   4
0101B   5
0110B   6
0111B   7
1000B   8
1001B   9
1010B   10
1011B   11
1100B   12
1101B   13
1110B   14
1111B   15
```

二进制数,也可以在数字后面加上一个字母 B 来表示。

将二进制整数转换成十进制整数的方法是:设二进制整数共有 n 位,将它的最高位乘以 2^{n-1},次高位乘以 2^{n-2},……,最后一位乘以 2^0,这些乘积相加的和就是所求的十进制整数。如

$$(1001)_2 = 1 \times 2^3 + 0 \times 2^2 + 0 \times 2^1 + 1 \times 2^0$$
$$= 1 \times 8 + 0 \times 4 + 0 \times 2 + 1 \times 1$$
$$= 8 + 0 + 0 + 1$$
$$= (9)_{10}$$

❓ 动动脑

1. $(1001)_2 - (101)_2$ 的结果是 (   )。

    A. $(101)_2$ B. $(1000)_2$ C. $(4)_{10}$ D. $(5)_{10}$

2. 阅读程序写结果。

```
#include <iostream>
using namespace std;
```

```cpp
int main()
{
    int i, j, ans=0;
    i=1;
    while(i<=3)
    {
        j=1;
        do
        {
            ans+=i*i;
            j++;
        }while(j<=5);
        i++;
    }
    cout << ans << endl;
    return 0;
}
```

i	j	ans

输出 : _____

3. 完善程序。

狐狸老师又布置了一个新任务，完成后可以获得 $(100)_2$ 元比特童币。任务要求用 0，1，2，3，4，5，6，7 八个数字组成三位数的奇数，共有多少个，分别是哪几个？

```cpp
#include <iostream>
using namespace std;
int main()
{
    int b, s, g, shu, count=0;
    for(b=1; b<=7; b++)
        for(s=0; s<=7;____)
            for(g=1; g<=7; g=g+2)
            {
                shu=b*100+s*10+g;
                cout << shu << " ";
                _____;
            }
    cout << endl;
    cout << " 个数 : " << count << endl;
    return 0;
}
```

第 60 课　比特超市
——超市收费程序

比特超市是风之巅小学的同学们用比特童币换购商品的地方，每个月最后一周的周五 12：00 到 12：40 开放，由同学们轮流经营。为了能自动算出每位来换购的同学应付的货款，自动算出超市一天的营业额，自动统计一天换购的人数，需要一个简易的超市收费程序。

试编一个超市收费程序，实现上述功能。

超市一天来多少位同学是不确定的，可以用一个结束标志来检查是否一天结束了。每位同学换购的商品种类也不一样，可以在每位同学换购结束时输入一个特殊的数作为结束标志。同时需要设两个累加器，一个累加每位同学应付的货款，一个累加一天的营业额。设一个计数器，记录换购的人数。

n 为每个物品的价格，用累加器 sumone 累加一位同学应付的货款，用累加器 sum 累加一天的营业额，用计数器 num 统计一天换购的人数。当输入 0 时为一个人结束，当输入 -1 时为一天结束。流程图如图 60.1 所示。

```cpp
#include <iostream>
using namespace std;
int main()
{
    int num=0;
    float n, sumone, sum;
    bool flag;
    flag=true;
    sum=0.0;
    while(flag)
    {
```

```
    sumone=0.0;
    do
    {
      cin>>n;
      if(n==-1)
      {
        flag=false;
        break;
      }
      sumone+=n;
    }while(n!=0);
    cout << " 当前同学应付的货款："；
    cout << sumone << endl;
    if(sumone!=0) num++;
    sum+=sumone;
  }
  cout << " 今天的营业额： " << sum << endl;
  cout << " 今天换购的人数： " << num << endl;
  return 0;
}
```

运行结果：

2↙
4↙
0↙
当前同学应付的货款：6
4↙
8↙
-1↙
当前同学应付的货款：12
今天的营业额：18
今天换购的人数：2

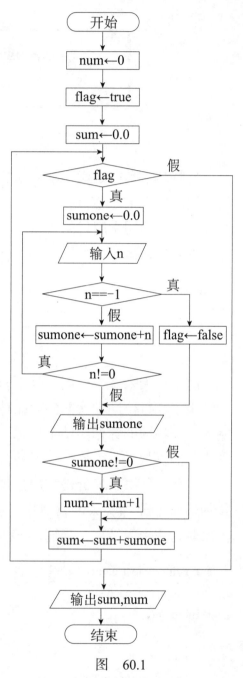

图　60.1

? 动动脑

1. 下列不属于网络连接设备的是 (   )。

　　A. 网卡　　　　B. 交换机　　　　C. TCP/IP　　　　D. 路由器

2. 阅读程序写结果。

```cpp
#include <iostream>
using namespace std;
int main()
{
  int i, j, p, ans=0;
  i=1;
  do
  {
    p=1;
    j=1;
    while(j<=5)
    {
      p*=j;
      j++;
    }
    ans+=p;
    i++;
  }while(i<=3);
  cout << ans << endl;
  return 0;
}
```

i	j	p	ans

输出：＿＿＿＿＿＿＿＿＿＿＿＿

3. 完善程序。

输入一个整数，把它分解成若干个质因数乘积的形式。

```cpp
#include <iostream>
using namespace std;
int main()
```

```cpp
{
    int n, i;
    _____;
    cout << n << '=';
    for(i=2; n!=1; i++)                  //n 没有除尽 , 就重复操作
    {
        while(n%i==0)                    //n 能被 i 整除 , 就重复做除法操作
        {
            cout << i;
            _____;
            if(n!=1) cout << '*';
        }
    }
    return 0;
}
```

拓展阅读：因　特　网

　　计算机网络，就是利用通信线路和设备，把分布在不同地理位置上的多台计算机连接起来，是现代通信技术与计算机技术相结合的产物。按网络范围和计算机之间互联的距离划分，计算机网络一般分为局域网、城域网、广域网。局域网涉及的范围小，一般在一个单位或一个部门内，城域网一般限制在一个城市内，广域网可以涉及一个国家和洲际之间。

　　因特网（Internet）是目前世界上最庞大的计算机网络。连入因特网中的计算机使用了一种标准的计算机通信协议 TCP/IP，TCP/IP 协议其实是两个协议：传输控制协议 TCP 和网际协议 IP，两者是互补的、高效的，保证了因特网在复杂环境下运行。

　　在因特网中的每一台主机均被分配了一个在全球范围唯一的地址，即 IP 地址。IPv4 地址是由 32 位二进制数表示的，为方便记忆，把这 32 位二进制数每 8 个一段用“.”隔开，再把每一段二进制数化成十进制数，如 192.168.0.1。IPv6 是下一代互联网协议标准，将 IP 地址长度从 32 位扩展到 128 位，支持更多级别的地址层次等功能。

　　对于使用者来说，很难记忆这些由数字组成的 IP 地址，为此，人们研究出一种字符型标识与 IP 地址对应，就是我们现在所广泛使用的域名，如 noi.cn，其中 cn 为一级域名，表示中国大陆。

第6单元 数组

老大马克

老二马尼　　老三尼克

老四波力

　　尼克有一个幸福的大家庭。老大的名字是马克，老二的名字是马尼，老三是尼克，老四的名字是波力。

　　他们的名字就是一组具有内在联系、相同属性的数据。

第 61 课　查 分 程 序
——数组

　　　　尼克、格莱尔等 5 位同学进行了一次信息学测试，试编一程序，实现查分功能。先输入成绩，然后输入学号输出相应的成绩。

　　可以用 a1 ～ a5 分别保存 1 ～ 5 号同学的成绩，然后进行判断，若输入的学号是 1 则输出 a1 的值，若输入的学号是 2 则输出 a2 的值，以此类推。

```cpp
#include <iostream>
using namespace std;
int main()
{
  int a1, a2, a3, a4, a5, n;
  cout << "1~5 号的成绩：";
  cin>>a1>>a2>>a3>>a4>>a5;
  cout << " 输入学号 1~5: ";
  cin>>n;
  switch(n)
  {
    case 1: cout << a1;  break;
    case 2: cout << a2;  break;
    case 3: cout << a3;  break;
    case 4: cout << a4;  break;
    case 5: cout << a5;  break;
    default: cout << " 输入的学号不存在！ ";
  }
  return 0;
}
```

运行结果：

1~5 号的成绩：95 98 99 100 92 ↙

输入学号 1~5: 3↙

99

若全班 45 位同学都进行了语文测试，那就需要 45 个变量来保存成绩，而且输出时需要判断 46 种情况，有没有简便的方法？有的，C++ 提供了数组的功能，来处理像成绩这样具有内在联系、相同属性的数据。

定义一维数组的一般形式为：

类型名　数组名［常量表达式］；

如 "int　a[10]；" 就定义了一个数组 a，其包含 a[0]，a[1]，a[2]，…，a[9] 10 个数组元素。

数组名的命名规则和变量名相同，遵循标识符命名规则；在数组定义时用方括号括起来的常量表达式的值表示元素的个数，即数组的长度，下标从 0 开始，如上例中最后一个元素是 a[9]，而不是 a[10]；在数组元素访问时，用方括号括起来的表达式表示元素的下标；数组往往与循环语句结合使用。前面的查分程序如果用数组来写，程序如下。

```cpp
#include <iostream>
using namespace std;
int main()
{
  int a[6], n, i;                  //用 a[i] 保存 i 号同学的成绩，a[0] 暂不用
  for(i=1; i<=5; i++)
  {
    cout << i << " 号成绩 : ";
    cin>>a[i];
  }
  cout << " 输入学号 1~5: ";
  cin>>n;
  if(n>=1&&n<=5)
    cout << a[n];
  else
    cout << " 输入的学号不存在 ! ";
  return 0;
}
```

运行结果：

1 号成绩：95 ↙
2 号成绩：98 ↙
3 号成绩：99 ↙
4 号成绩：100 ↙
5 号成绩：92 ↙
输入学号 1~5: 3 ↙
99

？ 动动脑

1. 数组 a 有 5 个下标变量，各个下标变量的赋值情形如表 61.1 所示，求 ++a[0] 的值是（   ）。

表 61.1

a[0]	a[1]	a[2]	a[3]	a[4]
99	85	97	92	100

A. 99   B. 100   C. 97   D. 92

2. 阅读程序写结果。

```
#include <iostream>
using namespace std;
int main()
{
    int i, a[10], ans=0;
    for(i=0; i<10; i++)
        a[i]=i;
    ans=a[0]+a[9];
    cout << ans << endl;
    return 0;
}
```

a[0]	a[1]	a[2]	a[3]	a[4]	a[5]	a[6]	a[7]	a[8]	a[9]

i   ans

输出：_____

3. 完善程序。

输入 5 个整数，输出最小的数。

```cpp
#include <iostream>
using namespace std;
int main()
{
    int a[5], min, i;
    for(i=0; i<5; i++)
        cin>>a[i];
    _____;
    for(i=1; i<5; i++)
        if(a[i]<min) min=a[i];
    cout << " 最小的数 : " << _____;
    return 0;
}
```

第62课 捉迷藏
——数组越界

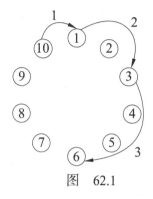

一座山上有 10 个山洞。一天，格莱尔和尼克在山上玩捉迷藏游戏。尼克说："我先把 10 个山洞从 1 ～ 10 编上号，你从 10 号洞出发，先到 1 号洞找我，第二次隔 1 个洞找我，第三次隔 2 个洞找我，如图 62.1 所示。以后以此类推，次数不限。"格莱尔同意了，但她从早到晚进洞 1000 次，也没找到尼克。

图 62.1

试编一程序，算一算兔子尼克可能躲在几号洞里。

用数组 a 记录格莱尔进 10 个洞的情况，首先把 a[1] 至 a[10] 的值初始化为 true，表示格莱尔未进 1 ～ 10 号洞。当格莱尔进过 i 号洞时，a[i] 标记为 false。变量 cishu 表示进洞的次数，用 "i=(i+cishu)%10" 来确定每次格莱尔进的是哪个洞。最后，输出没进过的洞即可。流程图如图 62.2 和图 62.3 所示。

```cpp
#include <iostream>
using namespace std;
int main()
{
    bool a[11];
    int i, cishu;
    for(i=1; i<=10; i++)
        a[i]=true;
    i=10;
    a[i]=false;
    cishu=1;
```

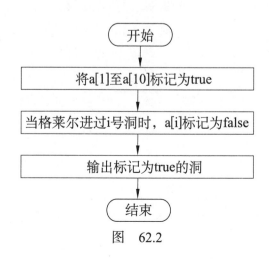

图 62.2

```
while(cishu<=1000)
{
    i=(i+cishu)%10;
    if(i==0) i=10;
    a[i]=false;
    cishu++;
}
for(i=1; i<=10; i++)
    if(a[i]) cout << i << endl;
return 0;
}
```

运行结果：

2
4
7
9

在本例中，定义数组时使用"bool a[11];"语句，程序编译时会开辟一片连续的存储单元供数组元素 a[0]、a[1]、a[2]、……、a[10] 使用。若在程序中使用了 a[11]、a[12]……，就会发生数组越界错误。

当格莱尔进i号洞时，a[i]标记为false

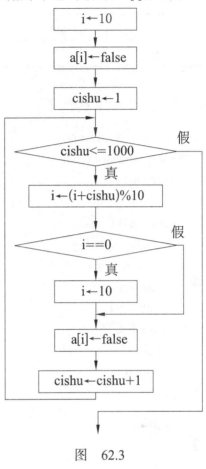

图 62.3

所谓数组越界，就是程序运行时访问的数组元素并不在数组的存储空间内，但是数组越界在编译、运行时系统并不会提示出错，不易发现。数组越界，会让程序访问超出数组边界的存储单元，造成内存的混乱，程序运行结果的错误。

❓ 动动脑

1. 数组 a 有 5 个下标变量，各个下标变量的赋值情形如表 62.1 所示，求 a[a[2]] 的值是（　　）。

A. 2　　　　　　　B. 3　　　　　　　C. 4　　　　　　　D. 0

表 62.1

a[0]	a[1]	a[2]	a[3]	a[4]
1	2	3	4	0

2. 阅读程序写结果。

```cpp
#include <iostream>
using namespace std;
int main()
{
  int i, a[10], ans;
  for(i=0; i<10; i++)
    a[i]=i;
  for(i=1; i<10; i++)
    a[0]+=a[i];
  ans=a[0];
  cout << ans << endl;
  return 0;
}
```

a[0]	a[1]	a[2]	a[3]	a[4]	a[5]	a[6]	a[7]	a[8]	a[9]

i	ans	a[0]

输出：_____

3. 完善程序。

风之巅小学有 48 间教室，每间教室有 2 扇门，用 1 ～ 96 分别编号。有一天，狐狸老师把所有的门都打开，第二个到校的格莱尔把所有编号是 2 的倍数的房门作相反的处理（原来开着的关上，原来关上的打开），第三个到学校的同学把所有编号是 3 的倍数的房门作相反的处理……第 42 个到校的尼克把所有编号是 42 的倍数的房门作相反的处理。问最后共有几扇门是开着的？分别是哪几扇？

```cpp
#include <iostream>
using namespace std;
int main()
{
  bool a[97];
  int i, j, _____;
```

```
  for(i=1; i<=96; i++)
    a[i]=false;              // 先关上所有的门
  for(i=1; i<=42; i++)
    for(j=i; j<=96; j=j+i)
      a[j]=!a[j];
  for(i=1; i<=96; i++)
    if(a[i])
    {
      _____;
      cout << _____ << endl;
    }
  cout << " 共有 " << num << " 扇 " << endl;
  return 0;
}
```

第 63 课　老鹰捉小鸡
——循环移位

　　狐狸老师和格莱尔等 5 位小朋友玩老鹰捉小鸡游戏，狐狸老师当"老鹰"，排在第 1 位的小朋友当"母鸡"，其他 4 位小朋友当"小鸡"。但是"母鸡"很辛苦，所以过一段时间"母鸡"需要排到队伍最后成为"小鸡"，让第 2 位小朋友当"母鸡"……

　　试编一程序，模拟 10 次位置的变化过程。

第 1 次的位置　　1　2　3　4　5
第 2 次的位置　　2　3　4　5　1
第 3 次的位置　　3　4　5　1　2
第 4 次的位置　　4　5　1　2　3
第 5 次的位置　　5　1　2　3　4
……

　　如图 63.1 所示，用数组 a 保存位置，a[1] 至 a[5] 保存第 1 个位置至第 5 个位置上小朋友的编号，a[0] 在位置移动中起到"中转站"的作用，暂时保存要由 a[1] 移动到 a[5] 的编号。流程图如图 63.2 和 63.3 所示。

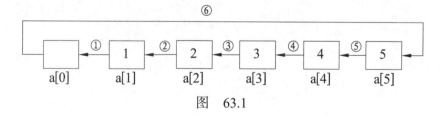

图　63.1

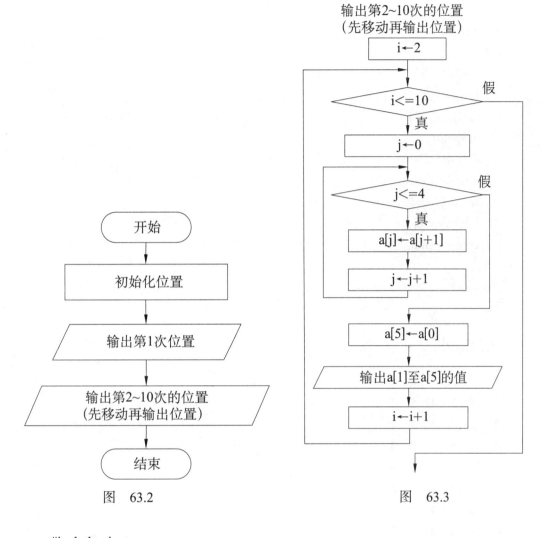

图 63.2

图 63.3

```cpp
#include <iostream>
using namespace std;
int main()
{
    int i, j, a[6], n;
    for(i=1; i<6; i++)
        a[i]=i;
    // 输出第 1 次的位置
    i=1;
    cout << i << ":   ";
    for(j=1; j<6; j++)
        cout << a[j] << "   ";
```

```
    cout << endl;
    for(i=2; i<=10; i++)
    {
      // 移动位置
      for(j=0; j<=4; j++)
        a[j]=a[j+1];
      a[5]=a[0];
      // 输出位置
      cout << i << ":   ";
      for(j=1; j<=5; j++)
        cout << a[j] << "   ";
      cout << endl;
    }
    return 0;
}
```

运行结果:

```
1:   1   2   3   4   5
2:   2   3   4   5   1
3:   3   4   5   1   2
4:   4   5   1   2   3
5:   5   1   2   3   4
6:   1   2   3   4   5
7:   2   3   4   5   1
8:   3   4   5   1   2
9:   4   5   1   2   3
10:  5   1   2   3   4
```

? 动动脑

1. 在线性表的两种存储结构中，下列描述不正确的是（   ）。

   A. 如果需要快速访问数据又很少或不插入和删除元素，就用数组

   B. 如果需要经常插入和删除元素就用链表

   C. 链表能动态地进行存储分配，可以适应数据动态地增减

   D. 数组能动态地进行存储分配，可以适应数据动态地增减

2. 阅读程序写结果。

```cpp
#include <iostream>
using namespace std;
int main()
{
  int i, b[4];
  for(i=0; i<2; i++)
    cin>>b[i]>>b[i+2] ;
  for(i=3; i>=0; i--)
    cout << b[i] << endl;
  return 0;
}
```

b[0]	b[1]	b[2]	b[3]

i

输入：1 2 3 4

输出：_____

3. 完善程序。

计算机教室的门锁上了，大家都进不了教室，钥匙不知放在谁身上，于是大家开始回忆。狐狸老师说："我把钥匙给了 4 号格莱尔同学。"格莱尔说："我把钥匙给了 1 号同学。"1 号同学说："我把钥匙给了 3 号同学。"3 号同学说："我把钥匙给了 5 号同学。"5 号同学说："我把钥匙给了 2 号同学。"2 号尼克说："不好意思，钥匙真的在我口袋里，让大家久等了。"请编一程序，模拟找钥匙的过程。

```cpp
#include <iostream>
using namespace std;
int main()
{
  //a[0] 代表狐狸老师，钥匙用 –1 表示。
  int a[6]={4, 3, -1, 5, 1, 2};//4 赋值给 a[0]，3 赋值给 a[1]，…，2 赋值给 a[5]
  int i;
  cout << " 老师 ";
  _____;
  do
  {
    cout << "---->" << i;
    i=a[i];
  } while(_____);
  cout << endl;
  cout << " 钥匙找到了！" << endl;
  return 0;
}
```

第 64 课　跳绳比赛
——排序

　　风之巅小学举行 1 分钟跳绳比赛，5 人一小组。试编一程序，输入小组内同学的跳绳次数，按次数由多到少的顺序输出。

如输入：126　80　98　158　204

输出：204　158　126　98　80

　　我们先来学习一下用冒泡排序算法解决这个问题的思路：依次比较相邻的两个数，将大数放在前面，小数放在后面。即依次比较第 1 个数和第 2 个数，第 2 个数和第 3 个数，……，第 n-1 个数和第 n 个数，每次比较时都将大数放在前面，小数放在后面，经过第一趟比较后，最后一个数就是最小的数了；然后再从第 1 个数开始到第 n-1 个数，重复以上操作后，第 n-1 个数就是第二小的数了……直到第 4 趟比较后，将后面的 4 个数排好序了，剩下的第 1 个数就是最大的。为了使数据由大到小（降序）排序，在比较和交换的过程中，越大的数就会像气泡一样慢慢"浮"到数列的顶端，所以把这种算法称为冒泡排序，如图 64.1 所示。

第1趟比较

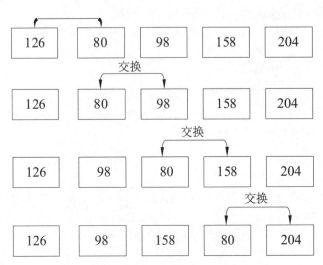

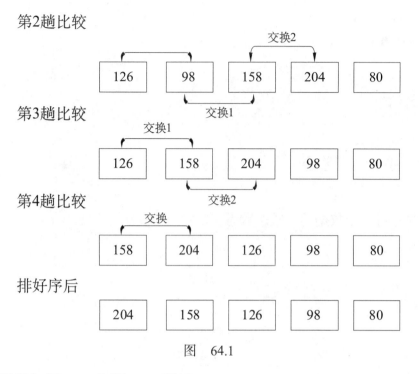

第2趟比较

126　　98　　158　　204　　80

交换2

交换1

第3趟比较

交换1

126　　158　　204　　98　　80

交换2

第4趟比较

交换

158　　204　　126　　98　　80

排好序后

204　　158　　126　　98　　80

图　　64.1

流程图如图 64.2 和图 64.3 所示。

```
#include <iostream>
using namespace std;
int main()
{
    int a[6], i, j, t;
    cout << " 输入 5 个整数 : " << endl;
    for(i=1; i<=5; i++)
        cin>>a[i];
    for(i=1; i<=4; i++)
        for(j=1; j<=5-i; j++)
            if(a[j]<a[j+1])
            {
                t=a[j];
                a[j]=a[j+1];
                a[j+1]=t;
            }
    for(i=1; i<=5; i++)
```

开始

输入数据

排序

输出数据

结束

图　　64.2

阿布拉卡达布拉。

```
        cout << a[i] << " ";
    return 0;
}
```

运行结果：

输入 5 个整数：
126   80   98   158   204 ↙
204   158   126   98   80

在排序过程中数据的比较次数为 4+3+2+1=10 次。

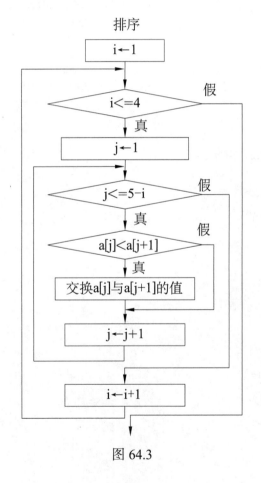

图 64.3

　　排序是计算机中经常进行的一种操作，常用的排序算法还有选择排序、桶排序、归并排序、希尔排序、插入排序、快速排序等。

如要使数据由大到小排序，用选择排序的思路是：按顺序先用第 1 个数与后面的所有数进行比较，找出最大数的位置，只要最大数的位置不是 1，就把最大数与第 1 个数进行交换，第 1 趟比较后可将最大数换到第 1 个位置；接着，第 2 个数与后面的所有数进行比较，找出剩下数中最大数的位置，只要当前最大数的位置不是 2，就把当前的最大数与第 2 个数进行交换；以此类推，最后得到的就是排序后的结果。因为我们总是持续选择剩下数中的最大的数（最小的数），选择排序由此得名。

❓ 动动脑

1. 现有数列 a 为 4，5，6，数列 b 为 6，5，4，要把两个数列从小到大排序，若采用冒泡排序，则两个数列需要的比较次数为（ ）。

  A. a 比 b 多　　　B. a 和 b 一样多　　C. b 比 a 多　　　　D. 不一定

2. 阅读程序写结果。

```cpp
#include <iostream>
using namespace std;
int main()
{
  int b[6]={5, 1, 2, 2, 2, 5};
  int a[6]={0, 0, 0, 0, 0, 0};
  int i, temp;
  i=1;
  while(i<=b[0])
  {
    temp=b[i];
    a[temp]++;
    i++;
  }
  for(i=1; i<=b[0]; i++)
    cout << a[i];
  return 0;
}
```

b[0]	b[1]	b[2]	b[3]	b[4]	b[5]
a[0]	a[1]	a[2]	a[3]	a[4]	a[5]

i	temp

输出：＿＿＿＿＿＿＿＿＿＿＿＿＿＿

3. 完善程序。

输入 5 个数，排序后按由大到小的顺序输出（选择排序）。

```cpp
#include <iostream>
using namespace std;
int main()
{
  int a[6], i, j, t;
  cout << " 输入 5 个整数 : " << endl;
  for(i=1; i<=5; i++)
      cin>>a[i];
  for(i=1; i<=4; i++)
  {
    t=i;
    for(j=i+1; j<=5; j++)
      if(a[j]>a[t]) _____;
    if(t!=i)
    {
      a[0]=a[i];
      _____;
      a[t]=a[0];
    }
  }
  for(i=1; i<=5; i++)
    cout << _____ << " ";
  return 0;
}
```

第65课　采访报道
——字符数组的输入与输出

大惊小怪报和小惊大怪报是两家全球性的报社，发表的文章全用英文。因风之巅小学的信息学社团开展得很出色，于是两家报社都派记者前来采访，大惊小怪报采访尼克，小惊大怪报采访格莱尔。他俩写好采访稿后，想用一个字符个数统计程序比一比谁的字符数多，于是向狐狸老师求助。

> 输入一段英文，统计字符个数（包含空格）和 '.' 出现的次数，再输出这段英文（字符数量不超过 2000 个）。

一段英文其类型为字符串，但我们也可以用一个字符数组来存放一个字符串中的字符。

为了测定字符数组中字符串的实际长度，C++ 规定了以字符 '\0' 代表一个 "字符串结束"，一个字符串常量，系统会自动在所有的字符后面加一个 '\0' 作为结束符，然后再把它存储在字符数组中。在程序中往往依靠检测 '\0' 的位置来判定字符串是否结束，而不是根据数组的长度来决定字符串长度。流程图如图 65.1 所示。

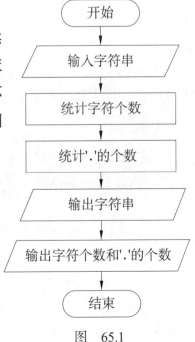

图　65.1

```cpp
#include <iostream>
#include <cstdio>  // 调用 gets() 和 puts() 函数
using namespace std;
int main()
{
    char str[2000];
    int i, num, numa;
```

```
    num=numa=0;
    gets(str);
    for(i=0; str[i]!='\0'; i++)
    {
      num++;
      if(str[i]=='.')
        numa++;
    }
    puts(str);
    cout << "字符个数：" << num << endl;
    cout << ".的个数：" << numa << endl;
    return 0;
}
```

运行结果：

Glair is an expert programmer. ↙（格莱尔是个编程高手。）
Glair is an expert programmer.
字符个数：30
.的个数：1

使用 cin 语句输入字符串时，遇到空格就结束，也就是说只能输入一个单词，而不能输入整行或包含空格的字符串，而用字符数组输入函数 gets() 输入字符串时可以包含空格。

用 cout 语句可以输出包含空格的字符串，但字符数组输出函数 puts() 输出时会自动加上换行符，而 cout 语句不会。

小提示

需要注意的是，使用 gets（str）和 puts（str）时，不能把 str 定义为字符串 string 型，只能定义为字符数组，否则编译时会出错。

C++ 允许一种特殊的字符常量，就是以一个"\"开头的字符序列，如 '\0' 代表字符串结束标志。这是一种"控制字符"，是不能在屏幕上显示的，在程序中无法用一个一般形式的字符表示，只能采用特殊形式来表示。以 '\' 开头的特殊字符，称为转义符。部分转义符如表 65.1 所示。

表 65.1

字 符 形 式	含 义
\n	换行，将当前位置移到下一行开头
\r	回车，将当前位置移到本行开头
\\	反斜线字符 '\'
\'	单撇号字符
\"	双撇号字符
\0	字符串结束标志

📖 英汉小词典

gets [gets] get string 的缩写 字符数组输入（字符串输入）

puts [pʊts] put string 的缩写 字符数组输出（字符串输出）

❓ 动动脑

1. 已知变量 str1、str2 定义为 string 型，经过下列（   ）赋值后表达式（str1<str2）的值为 0。（字符串比较规则：从第一个字符开始，依次向后比较，直到出现第一个不同的字符为止，以第一个不同字符 ASCII 的大小确定其字符串的大小。）

A. str1="CD";
   str2="CDDC";

B. str1="HELLO";
   str2="Hello";

C. str1="nike";
   str2="teacher";

D. str1="8";
   str2="10+2";

2. 阅读程序写结果。

```
#include <iostream>
using namespace std;
int main()
{
    char str[20];
    cin>>str;
    cout << str;
    return 0;
}
```

str

输入：How are you

输出：＿＿＿＿＿＿＿

3. 完善程序。

从键盘上输入一段英文句子，统计并输出句子中各个小写字母出现的次数（设输入的字符小于 1000 个）。

```cpp
#include <iostream>
#include <cstdio>                    // 调用 gets() 和 puts() 函数
using namespace std;
int main()
{
  char ch1[1000], ch2;
  int num[26], i, k;
  for(i=0; i<26; i++)
    num[i]=0;
  gets(ch1);
  i=0;
  while(_____)
  {
    if(ch1[i]>=' a '&&ch1[i]<=' z ')
    {
      k=ch1[i]-' a ';
      _____;
    }
    i++;
  }
  for(i=0; i<26; i++)
  {
    ch2=' a '+i;
    cout << ch2 <<' : ' << num[i] << "   ";
    if(i%5==4) cout << endl;
  }
  return 0;
}
```

第 66 课 恺撒加密术
——字符串的输入与输出

加密术最早应用于古代战争。古罗马时期，恺撒大帝曾经使用密码来传递信息，它是一种替代密码，对于信件中的每个字母，会用它后面第 i 个字母代替。

> 试编一程序，将输入的一段英文字符加密后输出，只加密字母，加密的规则是用原来字母后面的第 1 个字母代替原来的字母，即用 'b' 代替 'a'，用 'c' 代替 'b'，……，用 'a' 代替 'z'，如图 66.1 所示。

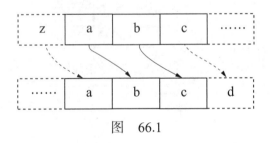

图 66.1

当把字符串直接定义为 string 型时，可以用 getline() 函数来读取字符串，如 "getline(cin,str1);"，其中 cin 指的是输入流，str1 是从输入流中读入的字符串存放的变量。

加密时只要依次读取字符串中的每个字符进行加密即可，流程图如图 66.2 和图 66.3 所示。

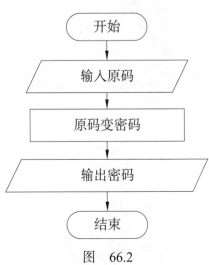

图 66.2

```cpp
#include <iostream>
#include <string>
using namespace std;
int  main()
{
    char ch;
    string str1,str2;
```

原码变密码

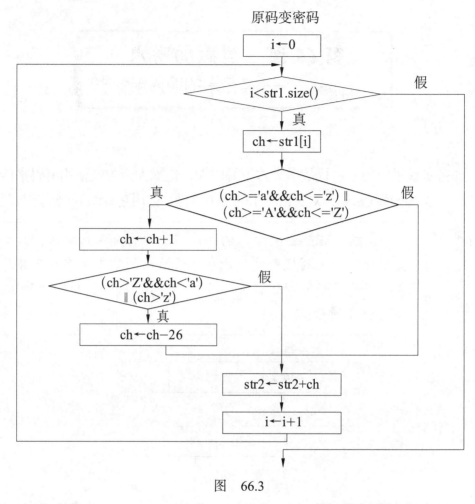

图　66.3

```
getline(cin,str1);
int i;
str2="";                          //空串也是字符串
for(i=0;i<str1.size();i++)        //str1.size() 返回 str1 中字符个数
{
  ch=str1[i];
  if((ch>='a'&&ch<='z')||(ch>='A'&&ch<='Z'))
  {
    ch++;
    if((ch>'Z'&&ch<'a')||ch>'z')
      ch-=26;
  }
  str2+=ch;
}
cout<<str2;
```

```
    return 0;
}
```

运行结果：

Nike is excellent! ↙（尼克是个非常优秀的孩子！）
Ojlf jt fydfmmfou!

> 　　恺撒加密术看起来非常巧妙，但随着计算机的诞生现已基本失效，因为它根本抵挡不住计算机的枚举分析。

　　当前计算机中使用比较广泛的加密算法有：RSA 算法（公钥加密算法）、DES 算法（又称"美国数据加密标准"，是一种对称型加密算法）、IDEA 算法（国际数据加密算法）。

📖 英汉小词典

getline ['getlain] 从输入流中读入一行（字符串）

❓ 动动脑

1. 重要的文件箱一般都有六个数字的密码锁，每一格都可以选择 0 ~ 9 这 10 个数字，这样排出的六位数密码共有（　　　）个。

    A. 1 万   B. 10 万   C. 100 万   D. 1000 万

2. 阅读程序写运行结果。

```
#include <iostream>
#include <string>
using namespace std;
int main()
{
    string str;
    int i, ans;
    i=0;
    ans=1;
    getline(cin,str);
    while(i<str.size())
    {
```

i	ans	str

```
    if(i>0)
       if(str[i]==32&&str[i−1]!=32)
          ans++;
    i++;
  }
  cout<<ans<<endl;
  return 0;
}
```

输入：How are you

输出：＿＿＿＿＿＿＿＿＿＿＿＿＿＿＿＿＿＿＿

3. 完善程序。

解密，输入一段加密后的英文字符解密成原码并输出（加密时用恺撒加密术，只加密字母，用它后面的第 3 个字母代替）。

如输入：gd gd2

则输出：da da2

```
#include <iostream>
#include <string>
using namespace std;
int  main()
{
  char s;
  string str1,str2;
  int  i;
  ＿＿＿＿＿＿＿＿＿＿;
  for(i=0;i<str1.size();i++)
  {
    s=str1[i];
    if((s>='a'&&s<='z')||(s>='A'&&s<='Z'))
    {
      s-=3;
      if((s>'Z'&&s<'a')||s<'A')
        s+=26;
      str2+=s;
    }
    else
        ＿＿＿＿＿＿＿＿＿;
  }
  cout<<str2;
  return  0;
}
```

第 67 课 快速求素数
——筛选法

筛选法是古希腊著名数学家埃拉托色尼提出的一种求素数的方法。如求 100 以内的素数，他采取的方法是，先在一张纸上按顺序写出 1 ～ 100 的全部整数，然后按下列步骤操作：先把 1 删除（1 既不是素数也不是合数）；读取当前剩下数中最小的数 2，然后把 2 后面的是 2 的倍数的数删去；读取当前剩下数中最小的数 3，然后把 3 后面的是 3 的倍数的数删去；读取当前剩下数中最小的数 5，然后把 5 后面的是 5 的倍数的数删去……以此类推，直到所有的数均删除或读取，剩下未删除的数就是素数。

> 试编一程序，用筛选法输出 100 以内所有的素数，并统计个数。

流程图如图 67.1 和图 67.2 所示。

```cpp
#include <iostream>
#include <iomanip>
using namespace std;
int main()
{
  bool a[101];
  int i, j, num;
  for(i=2; i<=100; i++)
    a[i]=true;
  a[0]=a[1]=false;
  i=1;
  do
  {
    i++;
    if(a[i])
```

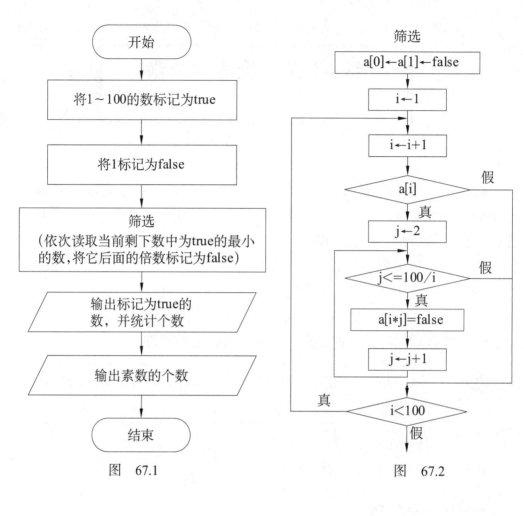

图　67.1　　　　　　　　　　图　67.2

```
    {
      for(j=2; j<=100/i; j++)
        a[i*j]=false;
    }
}while(i<100);
num=0;
for(i=1; i<=100; i++)
{
  if(a[i])
  {
    cout << setw(6) << i;
    num++;
    if(num%10==0) cout << endl;
  }
```

```
    }
    cout << endl;
    cout << "100 以内素数个数 : " << num << endl;
    return 0;
}
```

运行结果 :

```
    2   3   5   7  11  13  17  19  23  29
   31  37  41  43  47  53  59  61  67  71
   73  79  83  89  97
100 以内素数个数 : 25
```

❓ 动动脑

1. 计算机病毒的描述中正确的是（　　　）。

　　A. 如果某人有感冒病毒，那他使用的计算机就有可能感染病毒，并最终发展成为计算机病毒

　　B. 若计算机在生产厂家组装时周围环境不好（有灰尘等），计算机就会有计算机病毒

　　C. 计算机病毒实质上是一段计算机程序

　　D. 计算机病毒只能通过计算机网络传播

2. 阅读程序写结果。

s1[0]	s1[1]	s1[2]	s1[3]	s1[4]	s1[5]		

s2[0]	s2[1]	s2[2]	s2[3]	s2[4]	s2[5]	s2[6]	s2[7]

```
#include <iostream>
using namespace std;
int main()
{
```

```
char s1[]="study", s2[]="student";
int i, ans=0;
for(i=0; s1[i]!=' \0 ' &&s2[i]!=' \0 '; i++)
   if(s1[i]==s2[i])
      ans++;
cout << ans << endl;
return 0;
}
```

i	ans

输出： _____

3. 完善程序。

尼克有一堆小于 50 根的胡萝卜，格莱尔帮他两根两根地数多 1 根，3 根 3 根地数多 2 根，7 根 7 根地数多 5 根，请用筛选法算一算，尼克可能有几根胡萝卜。

```
#include <iostream>
#include <cstring>              // 使用 memset() 函数设置数组元素的初始值
using namespace std;
int main()
{
   bool a[50];
   int i, b[3]={1, 2, 5};
   memset(a, true, sizeof(a));      // 数组 a 所有元素初始化为 true
   for(i=1; i<50; i++)
   {
      if(i%2!=b[0]) a[i]=false;
      if(i%3!=b[1]) _____;
      if(i%7!=b[2]) a[i]=false;
   }
   for(i=1; i<50; i++)
      if(_____) cout << i << endl;
   return 0;
}
```

第 68 课 谁 大 谁 小
——逻辑判断与推理

兔子尼克、马克、马尼、波力四兄妹个头差不多，长得很像。一天，格莱尔到他们家玩，他们让格莱尔猜谁大谁小。格莱尔第 1 次猜：马克老大，波力最小，马尼老三，尼克老二；第 2 次猜：波力老大，马克最小，马尼老二，尼克老三；第 3 次猜：波力最小，马克老三；第 4 次猜：马克老大，尼克最小，波力老三，马尼老二。

格莱尔每次仅猜对了一半，试编一程序算一算这四兄妹的大小。

兔子尼克四兄妹，需要 4 个变量，4 个排行次序（数字），可用多重循环枚举出所有的可能——一进行逻辑判断。数组 tj[0] 到 tj[3] 分别保存格莱尔第 1 次到第 4 次猜的逻辑值。

```cpp
#include <iostream>
using namespace std;
int main()
{
  int make, boli, mani, nike;
  bool tj[4];
  for(make=1; make<=4; make++)
    for(boli=1; boli<=4; boli++)
      for(mani=1; mani<=4; mani++)
      {
        nike=10-make-boli-mani;
        if(make*boli*mani*nike==1*2*3*4)
        {
          tj[0]=((make==1)+(boli==4)+(mani==3)+(nike==2)==2);
          tj[1]=((boli==1)+(make==4)+(mani==2)+(nike==3)==2);
```

```
            tj[2]=((boli==4)+(make==3)==1);
            tj[3]=((make==1)+(nike==4)+(boli==3)+(mani==2)==2);
            if(tj[0]&&tj[1]&&tj[2]&&tj[3])
            {
                cout << " 马克 : " << make << endl;
                cout << " 波力 : " << boli << endl;
                cout << " 马尼 : " << mani << endl;
                cout << " 尼克 : " << nike << endl;
                break;
            }
        }
    }
    return 0;
}
```

运行结果：

马克：1
波力：4
马尼：2
尼克：3

？ 动动脑

1. 一般情况下，计算机内部存储和处理汉字信息时用的是（　　　　）。

    A. 十个字节的十进制编码　　　　B. 两个字节的二进制编码

    C. 两个字节的十进制编码　　　　D. 十个字节的二进制编码

2. 阅读程序写结果。

```
#include <iostream>
using namespace std;
int main()
{
    int a[3], ans=0;
    for(int i=0; i<3; i++)
        cin>>a[i];
```

```
ans+=a[0]*(a[0]>a[1]&&a[0]>a[2]);
ans+=a[1]*(a[1]>a[0]&&a[1]>a[2]);
ans+=a[2]*(a[2]>a[0]&&a[2]>a[1]);
cout << ans << endl;
return 0;
}
```

a[0]	a[1]	a[2]

i   ans

输入：5 3 9

输出：_____

3. 完善程序。

狐狸老师、尼克、格莱尔在课间进行一分钟跳绳比赛。尼克说："我第二，格莱尔第三"，格莱尔说："狐狸老师第三"，狐狸老师说："格莱尔不是第三"。他们三人说了 4 种情况，其中 3 种是正确，那么他们的名次究竟是怎样的呢？

```
#include <iostream>
using namespace std;
int main()
{
    int teacher, nike, glair;
    for(teacher=1; teacher<=3; teacher++)
      for(nike=1; _____; nike++)
        for(glair=1; glair<=3; glair++)
        {
          if(((nike==2)+(_____)+(teacher==3)+(glair!=3))==3)
            if(nike*teacher*glair==1*2*3)
            {
                cout << " 狐狸老师 : " << teacher << endl;
                cout << " 尼克 : " << nike << endl;
                cout << " 格莱尔 : " << glair << endl;
            }
        }
    return 0;
}
```

第 69 课　胡萝卜与骨头
——模拟法

尼克喜欢胡萝卜，格莱尔喜欢骨头。15 根胡萝卜和 15 根骨头排成一圈，狐狸老师要求尼克从第一根开始按 1 ～ 9 数数，逢九取出，直到剩下 15 根骨头为止。

　　试编一程序，算一算这 15 根胡萝卜和 15 根骨头应该如何排列，才能使剩下的 15 根全是骨头。

用数组 a 的下标表示胡萝卜或骨头原来在圈中的位置，其元素 a[i] 值为 0 时表示仍在圈内，为 1 则表示已取出，用变量 num 表示已取出的数的个数，变量 top 表示第 1 次开始数的位置，变量 k 的值 1 ～ 9 为所数的数。

每当数到 9 时（k==9），赋值 a[i]=1，表示已取出，同时将 k 赋值为 0，重新开始 1 ～ 9 数数。当取出的个数达到 15 个时（num==15），检索数组各元素的值，为 0 时表示仍在圈内，就输出它的编号。流程图如图 69.1 和图 69.2 所示。

```
#include <iostream>
using namespace std;
int main()
{
  int i, top, a[31], num=0, k=0;
  for(i=1; i<=30; i++)
    a[i]=0;
  top=1;
  i=top;
  while(num<15)
```

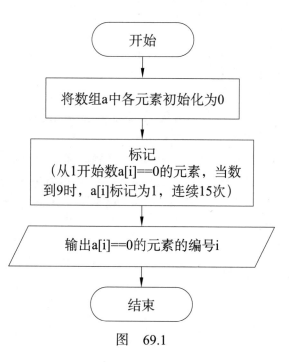

图　69.1

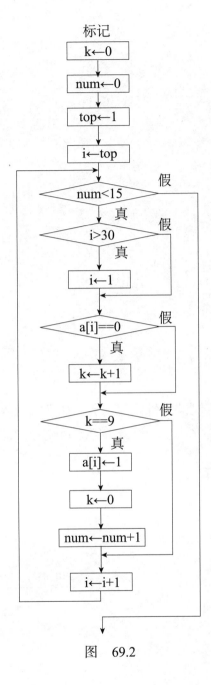

图　69.2

```
{
  if(i>30) i=1;
  if(a[i]==0) k++;
  if(k==9)
  {
    a[i]=1;
    k=0;
```

```
        num++;
      }
    i++;
  }
  cout << " 骨头所在的位置：";
  for(i=1; i<=30; i++)
    if(a[i]==0)
      cout << i << " ";
  return 0;
}
```

运行结果：

骨头所在的位置：1 2 3 4 10 11 13 14 15 17 20 21 25 28 29

❓动动脑

1. 为了有效地保障计算机的数据安全，下列做法不正确的是
(   )。

A. 不使用非法复制的软件   B. 对重要程序和数据进行备份

C. 不使用计算机   D. 安装杀毒软件

2. 阅读程序写结果。

```
#include <iostream>
using namespace std;
int main()
{
  int i, n;
  long long sum[2], ans;
  sum[0]=0;
  sum[1]=1;
  cin>>n;
  for(i=1; i<=n; i++)
  {
    sum[1]*=i;
    while(sum[1]%10==0)
    {
      sum[1]/=10;
```

sum[0]	sum[1]	i	n	ans

```
          sum[0]++;
        }
      sum[1]%=1000;
    }
  ans=sum[0];
  cout<< ans << endl;
  return 0;
}
```

输入：10

输出：＿＿＿＿＿＿＿＿＿

3. 完善程序。

10 个小朋友手拉手站成一个圆圈，从第一个小朋友开始报数，报到 n 的那个小朋友退到圈外，然后从他的下一位小朋友开始重新报数……输出依次出圈的小朋友的编号。

```
#include <iostream>
using namespace std;
int main()
{
  const int M=10;
  int i, j, p, n;
  int a[M+1];                  // 为了便于理解，a[0] 暂不用
  for(i=1; i<=M; i++)
    a[i]=i+1;
  a[M]=＿＿＿＿＿;
  cout << "n=";
  cin>>n;
  p=M;
  for(i=1; i<=M; i++)
  {
      for(int j=1; j<=n-1; j++)
        p=＿＿＿＿＿;
      cout << a[p]<< "      ";
      a[p]=a[a[p]];
  }
  return 0;
}
```

第 70 课　读　心　术

——二进制数的应用

尼克和格莱尔玩读心术猜数游戏，尼克先从 1～7 中选一个数记在心里，格莱尔依次出示 3 张卡片（如图 70.1 所示），尼克只要回答卡片上有没有选中的那个数，格莱尔就能猜出尼克选的数。

试编一个读心术猜数的程序。

下面狐狸老师给大家讲讲读心术的秘密，读心术最关键的是卡片的设计。

第3张	第2张	第1张
4　5 6　7	2　3 6　7	1　3 5　7

图　70.1

把十进制数 1 到 7 转化为二进制数后（如表 70.1 所示），把从右数第 1 位是 1 的数（1，3，5，7）写在第 1 张卡片上，把从右数第 2 位是 1 的数（2，3，6，7）写在第 2 张卡片上，把从右数第 3 位是 1 的数（4，5，6，7）写在第 3 张卡片上。

表　70.1

十 进 制 数	二 进 制 数
1	001
2	010
3	011
4	100
5	101
6	110
7	111

假如尼克选的数是 4，出示第 1 张卡片时尼克的选择是"没有"，出示第 2 张卡片时尼克的选择是"没有"，出示第 3 张卡片时尼克的选择

是"有"。我们将"有"用"1"表示，"没有"用"0"表示，可以将尼克的选择标识为（100）$_2$，然后把二进制数（100）$_2$转化为十进制数（4）$_{10}$（$1 \times 4 + 0 \times 2 + 0 \times 1 = 4$），可以得出尼克选择的数是 4。使用此方法可以算出尼克选择的任何数。流程图如图 70.2 所示。

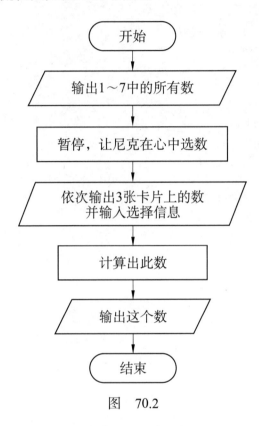

图　　70.2

```cpp
#include <iostream>
#include <cstdlib>                    // 调用 system() 函数
#include <string>
using namespace std;
int main()
{
    int i, a[4], ans;
    string t[4];
    t[0]= "1, 2, 3, 4, 5, 6, 7";
    t[1]="1, 3, 5, 7";
    t[2]="2, 3, 6, 7";
    t[3]="4, 5, 6, 7";
    cout << " 读心术猜数 " << endl;
```

```
    cout << " 请你从下面 7 个数中，选一个并记在心里。" << endl;
    cout << t[0] << endl;
    system("pause");              // 暂停
    for(i=1; i<=3; i++)
    {
        system("cls");            // 清屏
        cout << i << " 问：下面的数中有吗？0: 没有，1: 有 " << endl;
        cout << t[i] << endl;
        do
        {
            cin>>a[i];
        }while(a[i]<0||a[i]>1);
    }
    ans=4*a[3]+2*a[2]+a[1];
    system("cls");
    cout << " 你心中想的数是：" ;
    cout << ans << endl;
    return 0;
}
```

运行结果：

```
读心术猜数
请你从下面 7 个数中，选一个并记在心里。
1, 2, 3, 4, 5, 6, 7
请按任意键继续……（假设此时选了 4)
```

```
1 问：下面的数中有吗？0: 没有，1: 有
1, 3, 5, 7
0 ↙
```

```
2 问：下面的数中有吗？0: 没有，1: 有
2, 3, 6, 7
0 ↙
```

```
3 问：下面的数中有吗？0: 没有，1: 有
4, 5, 6, 7
1 ↙
```

```
你心中想的数是：4
```

将数组 t 定义为字符串型 string，每个元素都能存放一个字符串。system("pause") 表示暂停，运行时屏幕上会出现"请按任意键继续……"的字样。system("cls") 表示清屏。

📖 英汉小词典

system ['sɪstəm] 系统

pause [pɔ:z] 暂停

cls 清屏，是 clear screen 的简写

❓ 动动脑

1. 若用"嘀"表示 0，用"嗒"表示 1，则"嘀嘀嗒嗒嗒"表示（ ）。

 A. 10101   B. 01010
 C. 10100   D. 00111

2. 阅读程序写结果。

```cpp
#include <iostream>
#include <string>
using namespace std;
int main()
{
  int i;
  string a[3]={"comp", "uter lan", "guage"};
  string ans="";
  for(i=0; i<3; i++)
    ans+=a[i];
  cout << ans << endl;
  return 0;
}
```

a[i]	i	ans

输出：_____

3. 完善程序。

摩尔斯电码是一种时通时断的信号代码，通过不同的排列顺序来表达不同的英文字母、数字和标点符号。它是一种早期的数字化通信形式，由两种基本信号和不同的间隔时间组成：短促的点信号"·"，读"嘀"（Di）；保持一定时间的长信号"–"，读"嗒"（Da）。数字 0 ～ 9 的摩尔斯电码对照表如表 70.2 所示。

表 70.2

字符	电码符号	字符	电码符号	字符	电码符号	字符	电码符号
1	· – – – –	4	· · · · –	7	– – · · ·	0	– – – – –
2	· · – – –	5	· · · · ·	8	– – – · ·		
3	· · · – –	6	– · · · ·	9	– – – – ·		

编一程序，输入 0～9 中的某个数，输出它的摩尔斯电码。

```cpp
#include <iostream>
#include <string>
using namespace std;
int main()
{
    int i, n;
    string a[10];
    a[0]="11111";
    a[1]="01111";
    a[2]="00111";
    a[3]="00011";
    a[4]="00001";
    a[5]="00000";
    a[6]="10000";
    a[7]="11000";
    a[8]="11100";
    a[9]="11110";
    cout << " 请输入 0 ～ 9 中的某个数：";
    do
    {
        _____;
    }while(n<0||n>9);
```

```
   for( i=0; a[n][i]!='\0'; i++) //a[n][i] 表示字符串数组元素 a[n] 的第 i+1 个字符
   {
      if(a[n][i] _____)
        cout << '.';
      else
        cout << '-';
   }
   return 0;
}
```

拓展阅读：数据结构

数据结构是计算机程序设计的重要理论技术基础。线性表是最常用、最简单的一种数据结构，它是由有限个数据元素组成的有序集合，如数组。

"栈"是一种特殊的线性表，对它的插入和删除等操作都限制在表的同一端进行，即栈顶，而另一端则称为栈底，如图1所示。"栈"的主要特点是"后进先出"，犹如洗盘子，第一个被洗好的盘子叠在最底下，最后一个被洗好的盘子放在最上面，而取盘子时，总是取最上面的盘子先用，栈又称为后进先出表。

"队列"是限定在一端进行插入、另一端进行删除的线性表，如图2所示。好像银行取号排队，排在前面的先办理业务后先离开，后来的人排在队伍末尾。允许出队的一端称为队首，允许入队的一端称为队尾，所在需要进的数据项，只能从队尾进入，队列中的数据只能从队首离开，队列也称为先进先出表。

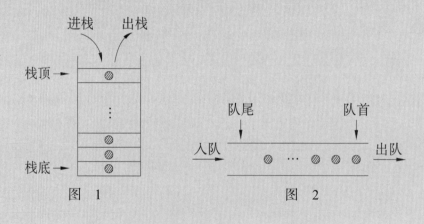

图 1　　　　　　　　图 2

第7单元 函 数

卧薪尝胆、胆小怕事、事不过三、三人成虎、虎豹豺狼、狼子野心、心口不一、一字千金、金榜题名、名不副实、实至名归、归心似箭、箭不虚发、发扬光大、大义灭亲、亲密无间、间见层出、出神入化……

尼克，你学富五车，才高八斗，出类拔萃，技压群雄！

　　一个成语，虽然只有四个字，却能代表一个几十字甚至几百字的故事，平时我们引用成语，引用的就是"四个字"背后的含义。
　　一个成语就相当于一个"函数"。

第 71 课 一见如故
——函数

有些问题的程序太长或太复杂，编写起来就会很困难，如果我们将一个复杂的问题分解成多个较小、较简单的子问题，就会比较容易解决。在 C++ 中可以利用函数来实现一些小功能，一个函数就是一个功能。

一个程序文件中可以包含若干个函数。无论把一个程序划分为多少个程序模块，有且只有一个 main 函数。程序总是从 main 函数开始执行，在程序执行时 main 函数可以调用其他函数，其他函数也可以互相调用，但其他函数不能调用 main 函数。

> 狐狸老师，您先定义一个输出三个 "*" 号的函数，让我们学习一下吧。

```cpp
#include <iostream>
using namespace std;
void show(void)
{
    cout << "***";
}
int main()
{
    show();
    return 0;
}
```

运行结果：

***

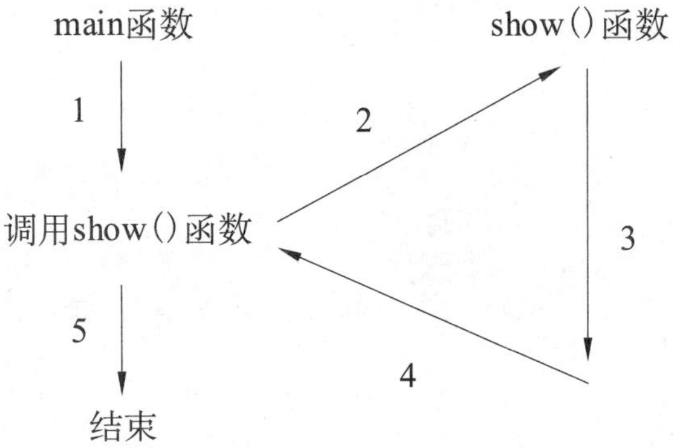

本程序执行的过程如图 71.1 所示。

图 71.1

函数有两种，一种是库函数，也称为系统函数，如随机函数 rand()。另一种就是用户自己编写程序时根据需要定义的函数，称为自定义函数，如 show()。show() 函数的类型是 void，表示无返回值，其参数类型为 void，表示没有参数，调用时不必也不能给出参数，如图 71.2 所示。

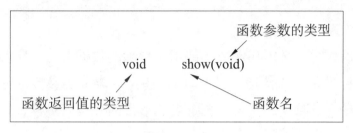

图　71.2

大多数情况下，函数是带有参数的，主函数和被调用的函数之间有数据传递关系。在定义函数时，函数名后面括号中的变量名称为形式参数（简称"形参"），在调用函数时，函数名后面括号中的参数称为实际参数（简称"实参"）。

老师，您再定义一个输出 n 个 "*" 号的函数，利用它输出三角形的 "*" 号图吧。

```
#include <iostream>
using namespace std;
void show(int geshu)            //geshu 是形参 , int 是形参的数据类型
{
  int i;
  for(i=1; i<=geshu; i++)
    cout << "*";
  cout << endl;
}
int main()
{
  int n=4;                      // 同学们也可以用循环语句来写
  show(1);                      //1 是实参
  show(2);                      //2 是实参
  show(n−1);                    //n−1 是实参
  show(n);                      //n 是实参
  return 0;
}
```

运行结果：

```
*
**
***
****
```

在定义函数时，必须在函数首部指定形参的数据类型，实参变量对形参变量的数据传递是"值传递"，即单向传递，只能由实参传给形参，不能由形参传回实参。有时候，实参的变量名和形参的变量名一样，但它们是两个不同的变量，有自己不同的存储单元。

> 定义一个输出 n 个 "∗" 的函数，利用它输出三角形的 "∗" 号图，其中输出的行数在程序运行时输入。

```cpp
#include <iostream>
using namespace std;
void show(int geshu)
{
  int i;
  for(i=1; i<=geshu; i++)
    cout << "*";
  cout << endl;
}
int main()
{
  int i, n;
  cout << " 行数: ";
  cin>>n;
  for(i=1; i<=n; i++)
    show(i);
  return 0;
}
```

运行结果：

行数：4↙
*
**
***
****

📖 英汉小词典

void [vɒɪd]　无参数；无返回值；无类型

❓ 动动脑

1. 解释程序与编译程序的区别是（　　　）。

　　A. 解释程序是应用软件，而编译程序是系统软件

　　B. 解释程序将源程序翻译成目标程序，而编译程序是逐条解释执行源程序语句

　　C. 编译程序将源程序翻译成目标程序，而解释程序是逐条解释执行源程序语句

　　D. 解释程序解释执行汇编语言程序，编译程序解释执行源程序

2. 阅读程序写结果。

```cpp
#include <iostream>
using namespace std;
void fun(int n)
{
  for(int i=1; i<n; i++)
    cout << i;
}
int main()
{
  int x;
  cin>>x;
  fun(x);
  return 0;
}
```

_____

_____

输入：5

输出：＿＿＿＿＿＿＿＿＿＿＿

3. 完善程序。

运用自定义函数输出图形，运行时输入几个数，第 1 个数，表示行数（100 以内），后面的数表示每行"*"号的个数。如输入 3　4　7　12，其中 3 表示一共有 3 行，4 表示第 1 行中"*"号的个数，7 表示第 2 行中"*"号的个数，12 表示第 3 行中"*"号的个数。

```cpp
#include <iostream>
using namespace std;
void show(int geshu)
{
  int i;
  for(i=1; i<=geshu; i++)
    cout << "*";
  cout << endl;
}
int main()
{
  int i, hangshu, a[101];
  cout << " 行数 : ";
  ＿＿＿＿＿＿＿＿＿＿＿；
  for(i=1; i<=hangshu; i++)
  {
    cout << " 第 " << i << " 行个数 : ";
    cin>>a[i];
  }
  for(i=1; i<=hangshu; i++)
    ＿＿＿＿＿＿＿＿＿＿＿；
  return 0;
}
```

第 72 课 函数与最大值
——局部变量与全局变量

> 定义一个求两个整数最大值的函数，利用它求出 5 个整数的最大值。

定义一个求两个整数最大值的函数，先求出前两个数的最大值，然后将求出的最大值和第 3 个数进行比较，求前 3 个数的最大值，以此类推，求出 5 个数的最大值。

```cpp
#include <iostream>
using namespace std;
int max(int x, int y)
{
  int ans;
  if(x>y) ans=x;
  else ans=y;
  return ans;
}
int main()
{
  int i, ans, a[5];
  for(i=0; i<5; i++)
    cin>>a[i];
  ans=a[0];
  ans=max(ans, a[1]);
  ans=max(ans, a[2]);
  ans=max(ans, a[3]);
  ans=max(ans, a[4]);
  cout << ans << endl;
  return 0;
}
```

运行结果：

99 100 98 78 85 ↙
100

在本程序中，main 函数和 max 函数内都定义了变量 ans，名字相同，这样可以吗？这是可以的，在前一课中我们已学过，虽然名字相同，却在两个不同的函数内被定义，它俩只存在于自己的函数内，属于两个不同的变量，是局部变量。

在函数内部定义的变量，是局部变量，它只在本函数范围内有效，也就是说，只有在本函数内才能使用它们，在此函数以外是不能使用的。

定义在所有函数外部的变量是全局变量，可以为本程序中全局变量定义语句后面的其他函数所共用，即它的有效范围为从定义变量的位置开始到本程序结束。

```cpp
#include <iostream>
using namespace std;
int ans, a[5];                    //全局变量,此位置后面的函数都可以使用它
int max(int x, int y)
{
    if(x>y) return x;
    else return y;
}
void fun1(void)
{
    int i;
    for(i=0; i<5; i++)
        cin>>a[i];
    ans=a[0];
    for(i=1; i<5; i++)
        ans=max(ans, a[i]);
}
int main()
```

```
{
   fun1();
   cout << ans << endl;
   return 0;
}
```

运行结果：

99 100 98 78 85 ↙
100

? 动动脑

1. 算法与程序的关系（　　　）。

　A. 算法决定程序，是程序设计的核心

　B. 算法是对程序的描述

　C. 算法与程序之间无关系

　D. 程序决定算法，是算法设计的核心

2. 阅读程序写结果。

```
#include <iostream>
using namespace std;
int fun(int a)
{
   int sum=1;
   for(int i=1; i<a; i++)
      sum*=a;
   return sum;
}
```

```cpp
int main()
{
    int n, ans;
    cin>>n;
    ans=fun(n);
    cout << ans << endl;
    return 0;
}
```

输入：4

输出：_____

3. 完善程序。

对于自然数 a，它的约数个数用函数 fun(a) 表示。请输出从 1～100 中约数个数为 3 的所有自然数。如 4，它的约数有 1、2、4，其约数个数就是 3。

```cpp
#include <iostream>
using namespace std;
int fun(int a)
{
    int num=0;
    for(int i=1; i<=a; i++)
        if(_____) num++;
    return num;
}
int main()
{
    int a;
    for(a=1; a<=100; a++)
        if(_____) cout << a << endl;
    return 0;
}
```

第 73 课 丑 数
——函数的应用

我们把只包含 2、3、5 这三个质因子的自然数称为丑数。例如 6、8 都是丑数,但 14 不是,因为它包含质因子 7。习惯上,我们把 1 当作是第一个丑数。

> 先定义一个判断丑数的函数,利用它输出 1～100 之间所有的丑数,并统计出个数。

根据丑数的定义,丑数只能被 2、3 和 5 整除。也就是说一个数如果能被 2 整除,就连续除以 2;如果能被 3 整除,就连续除以 3;如果能被 5 整除,就连续除以 5。如果最后我们得到的数是 1,那么这个数就是丑数,否则不是。

```cpp
#include <iostream>
#include <iomanip>
using namespace std;
bool choushu(int n)
{
    while(n%2==0)
        n/=2;
    while(n%3==0)
        n/=3;
    while(n%5==0)
        n/=5;
    return (n==1);
}
int main()
{
    int num=0;
    for(int i=1; i<=100; i++)
        if(choushu(i))
        {
```

```
        cout << setw(6) << i;
        num++;
        if(!(num%10)) cout << endl;
    }
    cout << endl;
    cout << " 个数 : " << num << endl;
    return 0;
}
```

运行结果：

1	2	3	4	5	6	8	9	10	12
15	16	18	20	24	25	27	30	32	36
40	45	48	50	54	60	64	72	75	80
81	90	96	100						

个数：34

❓ 动动脑

1. 有一个容量大小为 5 的栈，元素（x、y、z）按照 x，y，z 的次序依次入栈，且每个元素在出栈后不得再重新入栈，如果入栈和出栈的操作序列为：入栈—入栈—出栈—入栈—出栈—出栈，问元素 x 将是第（　　）个出栈的？

　　A. 1　　　　　　B. 2　　　　　　C. 3　　　　　　D. 4

2. 阅读程序写结果。

```
#include <iostream>
using namespace std;
bool wanshu(int n)
{
    int sum=0;
    for(int i=1; i<n; i++)
        if(n%i==0) sum+=i;
    return(sum==n);
}
int main()
```

```
{
  int ans=0;
  for(int i=4; i<8; i++)
    if(wanshu(i)) ans++;
  cout << ans << endl;
  return 0;
}
```

输出：_____

3. 完善程序。

定义一个判断回文数的函数，利用它输出 100～10000 所有的回文数，并统计出个数。

```
#include <iostream>
#include <iomanip>
using namespace std;
bool huiwen(int m)
{
  int temp=m, n=0;
  while(temp)
  {
    n=n*10+temp%10;
    _____;
  }
  return (m==n);
}
int main()
{
  int num=0;
  for(int i=100; i<=10000; i++)
    if(_____)
    {
      cout << setw(6) << i;
      num++;
      if(!(num%10)) cout << endl;
    }
  cout << " 个数 : " << num << endl;
  return 0;
}
```

第 74 课　哥德巴赫猜想
——函数的应用

哥德巴赫猜想是近代三大数学难题之一，即任何一个大于 2 的偶数，都可表示成两个素数之和。如 4=2+2，6=3+3，8=3+5，10=3+7。

> 定义一个判断素数的函数，利用它验证 4～n 之间的偶数都能够分解为两个素数之和，其中 n≥4。

```cpp
#include <iostream>
using namespace std;
int sushu(int x)
{
  if(x<=1) return 0;
  if(x==2) return 1;
  for(int i=2; i<=x−1; i++)
    if(x%i==0) return 0;
  return 1;
}
int main()
{
  int i, j, n;
  cout << "n=";
  do
  {
    cin>>n;
  }while(n<4);
  for(i=4; i<=n; i+=2)
  {
    for(j=2; j<i; j++)
      if(sushu(j))
        if(sushu(i−j))
```

```
        {
            cout << i << '=' << j << '+' << i−j << endl;
            break;
        }
    if(i==j) cout << i << " 验证失败！" << endl;
    }
    return 0;
}
```

运行结果：

n=10 ↙

4=2+2

6=3+3

8=3+5

10=3+7

世界近代三大数学难题是费马猜想、四色猜想和哥德巴赫猜想。费马猜想、四色猜想已经被证明，只有哥德巴赫猜想尚未被完全证明。

❓ 动动脑

1. 网址 www.jinhua.gov.cn 中 cn 表示在（　　　　）。

　　A. 中国　　　　　　B. 法国　　　　　　C. 英国　　　　　　D. 美国

2. 阅读程序写结果。

```
#include <iostream>
using namespace std;
int fun(int n)
{
    int i, sum=0;
    for(i=1; i<=n; i++)
        sum+=i;
    return sum;
}
int main()
{
    int i, n, ans=0;
```

```
        cin>>n;
        for(i=1; i<n; i++)
            ans+=fun(i);
        cout << ans << endl;
        return 0;
    }
```

输入：5

输出：_____

3.完善程序。

一个 n 位超级素数是指一个 n 位正整数，它的前 1 位，前 2 位，……，前 n 位均为素数，例如，733 是个 3 位超级素数，因为 7，73，733 均为素数。编一程序，输出全部的 3 位数超级素数。

```
    #include <iostream>
    using namespace std;
    bool prime(int n)
    {
        int i;
        if(n==1) return false;
        for(i=2; i<=n−1; i++)
        {
            if(n%i==0)
                return false;
        }
        return true;
    }
    bool superprime(int n)
    {
        while(n>0)
        {
            if(_____)
                n=n/10;
            else
                return false;
        }
```

```
    return true;
}
int main()
{
    int i;
    for(i=100; i<=999; i++)
    {
        if(_____)
            cout << i << endl;
    }
    return 0;
}
```

第75课　第 n 个大的数
——数组名作为实参

有 10 个互不相同的整数，不用排序，求出其中第 n 个大的数（1≤n≤10），即有 n-1 个数比它大，其余的数都比它小。如数列 99，200，95，87，98，-12，30，78，75，-25，输入 2，表示输出第 2 个大的数，则为 99。

> 定义一个找出数列中第 n 个大的数的函数，利用它输出第 n 个大的数。

用数组保存这 10 个数，求第 n 个大的数时，先从第一个数开始，将它与其余的数进行比较并记录比它大的数的个数（存于计数器 num 变量中），当 num==n-1 时，此数就是第 n 个大的数，否则对下一个数进行同样的处理。

```cpp
#include <iostream>
using namespace std;
int maxn(int b[], int m)
{
    bool p=true;
    int x, num, i=0;
    while(p)
    {
        x=b[i];
        num=0;
        for(int j=0; j<10; j++ )
            if(x<b[j]) num++;
        if(num==m-1)
            p=false;
        else
```

```cpp
        i++;
    }
    return x;
}
int main()
{
    int n, a[10]={99, 200, 95, 87, 98, -12, 30, 78, 75, -25};
    do
    {
        cin>>n;
    }while(n<1||n>10);
    cout << maxn(a, n) << endl;          // 数组名作为实参
    return 0;
}
```

运行结果：

2 ↙
99

> 数组名代表数组首元素的地址。

用数组名作为实参时，就是把数组首元素的地址传给形参，这样实参数组和形参数组就共占同一内存单元了。这时，若改变形参数组元素的值，将同时改变实参数组元素的值。而用变量作函数参数时，实参的值不会因形参值的改变而改变。

❓ 动动脑

1. 以下列举的因特网各种功能中，错误的是（　　　）。

　　A. 远程教育　　　B. 穿越时空　　　C. 购物　　　　　D. 查询天气

2. 阅读程序写结果。

```cpp
#include <iostream>
using namespace std;
```

```
int fun(int b[])
{
   int max, sum;
   sum=max=b[0];
   for(int i=1; i<5; i++)
   {
      sum+=b[i];
      if(sum>max) max=sum;
   }
   return max;
}
int main()
{
   int a[5], ans;
   for(int i=0; i<5; i++)
      cin>>a[i];
   ans=fun(a);
   cout << ans << endl;
   return 0;
}
```


输入：1 2 3 -4 5

输出：_____

3.完善程序。

有 5 位同学进行跳绳比赛，需要一个排名程序，先输入每位同学的成绩，再输出每位同学的成绩及名次。

如输入：175　199　167　220　213

则输出：175--4

　　　　199--3

　　　　167--5

　　　　220--1

　　　　213--2

```
#include <iostream>
using namespace std;
```

```cpp
int maxn(int x, int a[])
{
    int num=1;
    for(int j=0; j<5; j++)
        if(_____) num++;
    return num;
}
int main()
{
    int a[5], i;
    for(i=0; i<5; i++)
        cin>>a[i];
    for(i=0; i<5; i++)
        cout << a[i] << "--" << _____ << endl;
    return 0;
}
```

第76课 猜 猜 乐

——二分法查找

格莱尔和尼克玩猜数游戏（1～100 之间的整数）。格莱尔先选了一个数如 56 写在纸上，尼克用二分法去猜。

尼克第 1 次猜 50，（1+100）÷2=50.5，取整数 50，格莱尔说，小了。尼克第 2 次猜 75，（51+100）÷2=75.5，取整数 75，格莱尔说，大了。尼克第 3 次猜 62，（51+74）÷2=62.5，取整数 62，格莱尔说，大了。第 4 次猜 56，（51+61）÷2=56，格莱尔说，猜对了。

试编一程序，输入要猜的数，让计算机输出尼克使用二分法猜数的过程。

二分法猜数使用的是二分法查找（又称折半查找）算法。使用二分法查找时，被查找的数列必须是已排序的数列，如本例中 1～100，由小到大升序排列。它的基本思路：假设被查找的数列是按升序排序的，对于给定值 n，从数列的中间位置开始比较，如果当前位置值等于 n，则查找成功；若 n 小于当前位置值，则在数列的前半段中查找；若 n 大于当前位置值则在数列的后半段中继续查找。如此反复，直到找到或找完整个数列为止。

```cpp
#include <iostream>
using namespace std;
int search(int b[], int len, int key)
{
    int high, low;
    high=len−1;
    low=0;
    int mid=len/2;
    while(high>=low)
    {
```

```
        mid=(high+low)/2;
        cout << b[mid] << endl;
        if(b[mid]==key)
            return b[mid];
        else if(b[mid]>key)
                high=mid-1;
            else
                low=mid+1;
    }
    return 0;
}
main()
{
    const int MAX=100;
    int a[MAX], n;
    for(int i=0; i<MAX; i++)
        a[i]=i+1;
    cout << "n=";
    do
    {
        cin>>n;
    }while(n<1||n>100);
    if(search(a, MAX, n))
        cout << " 成功！ ";
    else
        cout << " 失败！ ";
    return 0;
}
```

运行结果：

n=56 ↙
50
75
62
56
成功!

❓ 动动脑

1. 已知一个顺序表由 512 个从小到大排列的整数组成，若依次采用顺序查找算法，最坏情况下的查找次数是（　　　）。

    A. 128　　　　　　B. 64　　　　　　C. 512　　　　　D. 10

2. 阅读程序写结果。

```cpp
#include <iostream>
using namespace std;
int search(int b[], int n)
{
  int sum=0;
  for(int i=0; i<4; i++)
  {
    if(b[i]<n) continue;
    if(b[i]==n) break;
    sum+=b[i];
  }
  return sum;
}
int main()
{
  int a1[4]={8, 2, -3, -4};
  int a2[4]={90, -1, 10, 100};
  int ans=0;
  ans+=search(a1, 0);
  ans+=search(a2, 10);
  cout << ans << endl;
  return 0;
}
```

a1[0]			
a2[0]			

输出：＿＿＿＿＿＿＿＿＿＿

3. 完善程序。

风之巅小学的红领巾电视台有若干名小播音员，编写一个简易的姓名查询程序，输入学生姓名，若是在名单中找到，则输出"是小播音员"，否则输出"不是小播音员"。

```cpp
#include <iostream>
#include <string>
#define MAX 5      //用define定义符号常量（用一个标识符来替代常量，MAX替代5）
using namespace std;
bool search(string b[], string key)
{
  int i;
  bool f=false;
  for(i=0; i<MAX; i++)
    if(key==b[i])
    {
       f=true;
       break;
    }
  return _____;
}
int main()
{
  string name, a[MAX]={"nike", "make", "mani", "boli", "glair"};
  cin>>name;
  if(_____)
    cout << " 是小播音员 " << endl;
  else
    cout << " 不是小播音员 " << endl;
  return 0;
}
```

第 77 课 交 作 业 啦

——递归算法

快下课了，狐狸老师想批改第 1 小组的作业，于是对坐 1 组 1 号的尼克同学说："交作业啦！"，尼克转过去对第 2 位同学说："交作业啦！"，第 2 位同学转过去对第 3 位同学说："交作业啦！" ……第 6 位同学转过去对第 7 位同学说："交作业啦！"，第 7 位是格莱尔同学，她是 1 组最后一位同学，于是，她把自己的作业交给了第 6 位同学，第 6 位同学把收到的作业连同自己作业交给第 5 位同学……第 2 位同学把收到的作业连同自己作业交给第 1 位同学，第 1 位尼克同学把收到的作业连同自己作业交给狐狸老师，作业终于收好了，如图 77.1 所示。

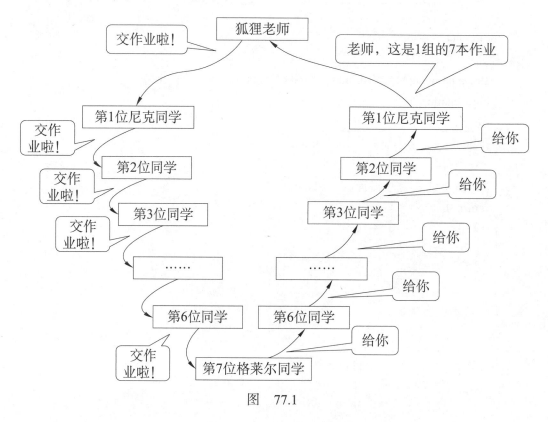

图 77.1

在 C++ 里，也有类似的用法——递归算法。递归算法是一种"自己调用自己""有去有回"的算法，它在调用一个函数的过程中又出现直接或间接的调用该函数本身，但调用的过程不是一个无休止的，而是有限次数的，总有一次是要终止调用的，一般用 if 语句来控制。

利用递归算法，试编一程序，算一算我收到多少本作业？

zuoye(1)=zuoye(2)+1
zuoye(2)=zuoye(3)+1
zuoye(3)=zuoye(4)+1
zuoye(4)=zuoye(5)+1
zuoye(5)=zuoye(6)+1
zuoye(6)=zuoye(7)+1
zuoye(7)= 1

求解分两步，第 1 步是"递归前进"，第 2 步"递归返回"，如图 77.2 所示。

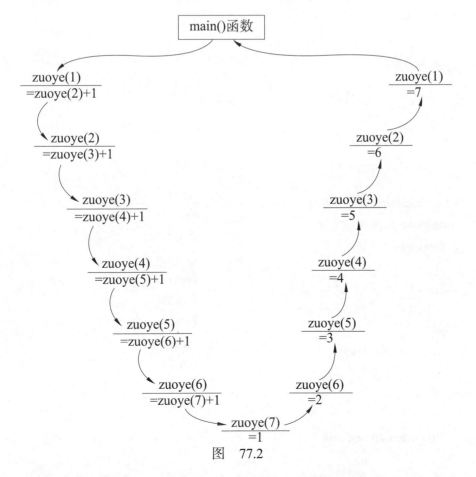

图　77.2

```cpp
#include <iostream>
using namespace std;
int zuoye(int n)
{
  if(n==7)
    return 1;
  else
    return zuoye(n+1)+1;
}
int main()
{
  cout<<zuoye(1)<<endl;
  return 0;
}
```

运行结果：

7

❓ 动动脑

1. 函数的递归调用是通过（　　　）来实现的。

　　A. 线性表　　　　　B. 链表　　　　　C. 队列　　　　　D. 栈

2. 阅读程序写结果。

```cpp
#include <iostream>
using namespace std;
int fun(int n)
{
  if(n==1)
    return 0;
  else
    return fun(n-1)+2;
}
int main()
{
  cout << fun(10) << endl;
```

fun(1)=
fun(2)=
fun(3)=
fun(4)=
fun(5)=
fun(6)=
fun(7)=
fun(8)=
fun(9)=
fun(10)=

```cpp
    return 0;
}
```

输出：＿＿＿＿＿＿＿＿＿＿＿＿＿

3. 完善程序。

尼克等四位同学在操场上打篮球，狐狸老师问大家各投中了几个球？排在第 4 位的格莱尔同学说她比第 3 位同学多投中了 5 个球；第 3 位同学比第 2 位同学多投中了 5 个球；第 2 位同学比第 1 位同学多投中了 5 个球；第 1 位尼克同学说："我是初学者，一个球都未进。"老师说："失败并不可怕，可怕的是失去信心，请继续努力！"请问格莱尔同学投中了几个球？

```cpp
#include <iostream>
using namespace std;
int toulan(int n)
{
    int t;
    if(n!=1)
        ＿＿＿＿＿＿＿＿＿＿＿＿ ;
    else
        ＿＿＿＿＿＿＿＿＿＿＿＿ ;
    return t;
}
int main()
{
    cout << toulan(4) << endl;
    return 0;
}
```

第 78 课　通力合作的 100 个数
　　——递归算法及子函数的声明

利用递归算法，试编一程序，输出 1～100 的自然数。

让我先来模拟一下吧。

100 说：要输出我 100，那得先输出 1～99。

99 说：要输出我 99，那得先输出 1～98。

98 说：要输出我 98，那得先输出 1～97。

……

2 说：要输出我 2，那得先输出 1。

1 说：好的，我马上输出 1。

接着，

1 说：我输出 1，接下来轮到 2。

2 说：我输出 2（已输出 1～2），接下来轮到 3。

3 说：我输出 3（已输出 1～3），接下来轮到 4。

……

99 说：我输出 99（已输出 1～99），接下来轮到 100。

100 说：我输出 100（已输出 1～100），谢谢大家通力合作，大功告成！

```cpp
#include <iostream>
#include <iomanip>
using namespace std;
void show(int n);                    //对子函数的声明
int main()
{
    int n =100;
    show(n);
```

```
    return 0;
}
void show(int n)
{
  if(n!=1) show(n−1);
  cout << setw(5)<<n;
}
```

运行结果：

```
   1   2   3   4   5   6   7   8   9  10  11  12  13  14  15  16
  17  18  19  20  21  22  23  24  25  26  27  28  29  30  31  32
  33  34  35  36  37  38  39  40  41  42  43  44  45  46  47  48
  49  50  51  52  53  54  55  56  57  58  59  60  61  62  63  64
  65  66  67  68  69  70  71  72  73  74  75  76  77  78  79  80
  81  82  83  84  85  86  87  88  89  90  91  92  93  94  95  96
  97  98  99 100
```

由于被调用的自定义函数 show() 在调用它的主函数 main() 的后面，所以在主函数 main() 的前面，需要对函数 show() 先进行声明，否则就会发生错误。

❓动动脑

1. 已知队列中依次存在下列元素（88，79，65，10，100），若第一个出队列的元素是 88，则第四个出队列的元素是（　　　）。

　　A. 79　　　　　　　B. 65　　　　　　　C. 10　　　　　　　D. 100

2. 阅读程序写结果。

```
#include <iostream>
using namespace std;
int fun(int n);
int main()
{
  cout << fun(fun(4));
  return 0;
}
```

```
fun(0)=
fun(1)=
fun(2)=
fun( )=
fun( )=
fun( )=
fun( )=
fun( )=
```

```
int fun(int n)
{
  if(n==0||n==1)
    return 1;
  else
    return fun(n−1)+fun(n−2);
}
```

输出：＿＿＿＿＿＿＿＿＿＿＿＿

3. 完善程序。

输入一个自然数，输出它的倒序数，如输入 123，输出 321。

```
#include <iostream>
using namespace std;
void fun(int n);
int main()
{
  int n;
  cin>>n;
  ＿＿＿＿＿＿＿＿＿＿＿；
  return 0;
}
void fun(int n)
{
  if(n<10)
    cout << n;
  else
  {
    cout << n%10;
    ＿＿＿＿＿＿＿＿＿＿＿；
  }
}
```

第 79 课 谁是老大
——递归求最大值

输入 5 个整数，用递归算法求出最大值。

让我再来模拟一下吧。

a[5]：想求 5 个数的最大值，那你得先求前面 4 个数的最大值，再和我来比。

a[4]：想求 4 个数的最大值，那你得先求前面 3 个数的最大值，再和我来比。

a[3]：想求 3 个数的最大值，那你得先求前面 2 个数的最大值，再和我来比。

a[2]：想求 2 个数的最大值，那你得先求前面 1 个数的最大值，再和我来比。

a[1]：只有我 1 个数，我就是天下第一大。

接着，

a[1]：我 a[1] 就是最大值，该轮到和 a[2] 比了。

a[2]：我和前面的最大值比较，求出最大值，该轮到和 a[3] 比了。

a[3]：我和前面的最大值比较，求出最大值，该轮到和 a[4] 比了。

a[4]：我和前面的最大值比较，求出最大值，该轮到和 a[5] 比了。

a[5]：我和前面的最大值比较，求出最大值，大功告成。

```
#include <iostream>
using namespace std;
int max(int a[], int n)
{
  int t;
  if(n==1)
```

```
        t=a[1];
    else
      if(max(a, n-1)>a[n])
        t=max(a, n-1);
      else
        t=a[n];
    return t;
}
int main()
{
    int a[6];              // 为了便于理解，a[0] 不用
    cout << " 请输入 5 个数 : " ;
    for(int i=1; i<=5; ++i)
      cin>>a[i];
    cout << " 最大的数是 : " << max(a, 5) << endl;
    return 0;
}
```

运行结果：

请输入 5 个数：88 92 98 99 85 ↙
最大的数是：99

❓ 动动脑

1.(   )是微软公司发布的一种面向对象的、运行于 .NET Framework 上的高级程序设计语言。

　　A. Java　　　　　　B. C#　　　　　　C. Pascal　　　　D. Python

2. 阅读程序写结果。

```
#include <iostream>
using namespace std;
int gcd(int a, int b)
{
    if(a==b)
      return a;
    else
```

```
    if(a>b)
      return gcd(a−b, b);
    else
      return gcd(a, b−a);
}
int main()
{
  int x, y, z;
  cin>>x>>y>>z;
  x=gcd(x, y);
  x=gcd(x, z);
  cout << x << endl;
  return 0;
}
```

输入：36　6　18
输出：_____

3. 完善程序。

输入 2 个自然数，输出它们的最大公约数。

```
#include <iostream>
using namespace std;
int gcd(int a, int b)
{
  if(b==0)
    _____;
  else
    return gcd(b, a%b);
}
int main()
{
  int a, b;
  cout << "a, b=";
  cin>>a>>b;
  cout << " 最大公约数：" << _____ << endl;
  return 0;
}
```

拓展阅读：世界上第一个微处理器

1969 年年初，美国英特尔（Intel）公司受日本一家计算器公司委托，为其设计和生产八种专用集成电路芯片，用于桌面计算器。英特尔的特德·霍夫工程师仔细分析后，提出新的想法：用一块通用的芯片加上程序来实现几块芯片的功能。并在斯坦·梅泽的协助下，设计出包含四块芯片新的计算器体系结构图，但由于各种原因这个项目停滞不前。

1970 年 4 月，弗德里科·法金从仙童公司跳槽到英特尔公司，参与这个项目，并与另一名工程师梅左投入了高强度的设计工作，每天工作时间长达 16 个小时。经过几个月的努力，四块集成电路芯片设计完毕，并成功地生产了样片，实现了特德·霍夫的设计意图。英特尔公司将其中的一块芯片取名为 4004，并于 1971 年 11 月 15 日发布，它是世界上第一个微处理器。

Intel 4004 是一个 4 位处理器，外层有 16 只针脚，内有 2300 个晶体管，每秒可运算 6 万次。

第 8 单元　指针、类

一天，格莱尔想把从尼克家借来的书还给尼克，但是尼克不在家，于是把书放到了书架第3层的最右边，并写了一张留言条放在桌上，上面写着：我还你的书放在书架第3层最右边。当尼克回来后，看到这张留言条就知道书在哪了。

这张留言条有什么作用呢？它就相当于一个指针，上面的内容不是书本身，而是书的位置，尼克通过留言条（指针）找到了格莱尔还回来的书。

第80课 今雨新知
——地址与指针

指针是一个功能强大的利器，正确灵活地运用它，可以使程序简洁、紧凑、高效。指针是一个指示器，它告诉程序可以在内存的哪块区域找到数据，让我们先来看一个程序吧。

```cpp
#include <iostream>
using namespace std;
int main()
{
    int a, *p;
    a=10;
    p=&a;
    cout << *p << endl;
    return 0;
}
```

运行结果：

10

"*p" "&a" 是什么意思啊？

别急，让我来解释一下吧。

本程序中，定义了整型变量 a，在编译时，系统会开辟一块内存单元用来存放 a 的值，对 a 的存取操作就是直接到这个内存单元存取。内存单元的位置叫地址，存放 a 的值的地址可以用取地址操作符 "&" 对 a 运算得到：&a。

同时，定义了一个指针变量 p，p 将指向一个内存单元，里面将存放一个内存地址。现赋值为存放变量 a 的内存单元的地址。

内存单元的地址是按字节编码的，即每一个字节都有一个不同的地址。编译系统会根据程序中定义的变量类型，为每个变量分配一定长度的空间。在 Dev-C++ 中为整型变量分配 4 个字节，假设系统把地址为 101 ～ 104 的 4 个字节分配给变量 a，把地址为 105 ～ 108 的 4 个字节分配给指针变量 p，如图 80.1 所示。

值	10				101			
变量	变量 a				指针变量 p			
址址	101	102	103	104	105	106	107	108

图　80.1

"*"是指针操作符。在定义变量时，*p 代表变量 p 定义为指针类型；在使用变量时，*p 代表指针变量 p 中存放的地址所指向的内存单元。普通变量和指针变量的对应关系如表 80.1 所示。

表　80.1

普通变量 int a	指针变量 int *p
&a	p
a	*p
a=10	*p=10

一个变量的地址称为该变量的指针，用来专门存放地址的变量是指针变量。地址是内存中的"门牌号"，是固定不变的，而指针变量的值是可以改变的，因为任何变量的地址都可以赋值给同类型的指针变量。

❓ 动动脑

1. 设有定义语句"int x,*p=&x; "，则下列表达式中错误的是（　　）。

　　A. *(&x)　　　　B. &(*x)　　　　C. &(*p)　　　　D. *(&p)

2. 阅读程序写结果。

#include <iostream>

```
using namespace std;
int main()
{
    char c1,*p1;
    c1='A';
    p1=&c1;
    (*p1)++;
    cout << c1 << endl;
    return 0;
}
```

输出：_____

3. 完善程序。

格莱尔家有一个三岁的小弟弟，格莱尔经常教他数数，请编一程序输出 1～100 的整数，辅助格莱尔教弟弟数数。

```
#include <iostream>
using namespace std;
int main()
{
    int i, *p;
    p=_____;
    for(*p=1; *p<=100; (*p)++)
        cout << _____ << endl;
    return 0;
}
```

第81课 民主选举

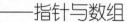

——指针与数组

风之巅小学每年都要进行大队委的选举，无论老师还是学生都只有一张选票。

> 试编一个投票程序，有 n 位同学参加选举，有 5 位候选人，分别用 1~5 来表示，0 表示弃权。投票后输出 5 位候选人的票数。

```cpp
#include <iostream>
using namespace std;
const int MAX=5;              // 候选人的人数
int count(int b[], int n)
{
  int x;
  for(int i=1; i<=n; i++)
  {
    do
    {
      cout << i << ': ';
      cin>>x;
    }while(x<0||x>MAX);
    b[x]++;
  }
}
int main()
{
  int a[MAX+1], i, n , *p;   //a[0] 统计弃权的票数
  cout << " 请输入实到人数 : ";
  cin>>n;
  for(p=a; p<=(a+MAX); p++)
```

```
    *p=0;
  p=a;                          // 指针变量 p 重新指向数组首元素
  count(p, n);
  for(i=0; i<=MAX; i++)
  {
    switch(i)
    {
      case 0: cout << " 弃权 : " << a[i] << endl; break;
      default: cout << i << " 号票数 : " << a[i] << endl; break;
    }
  }
  return 0;
}
```

运行结果：

请输入实到人数：<u>10</u>↙
1：<u>3</u>↙
2：<u>4</u>↙
3：<u>5</u>↙
4：<u>3</u>↙
5：<u>2</u>↙
6：<u>1</u>↙
7：<u>4</u>↙
8：<u>5</u>↙
9：<u>5</u>↙
10：<u>3</u>↙
弃权：0
1 号票数：1
2 号票数：1
3 号票数：3
4 号票数：2
5 号票数：3

　　数组名代表数组首元素的地址，所以 a 与 &a[0] 是等价的。如果指针变量 p 已指向数组中的一个元素，则 p+1 指向同一数组中的下一个元素。但需要注意的是，数组名 a 是数组首地址，不是指针变量，指针变量可以改变值，而地址是不可以像变量一样改变其值的，如 a++ 是非法的。

❓动动脑

1.设有变量定义语句"int　a[10]；"，能正确引用数组 a 中元素的表达式是（　　　）。

  A. &a[5]   B. *(a+2)   C. a+2   D. *(*(a+3))

2.阅读程序写结果。

```
#include <iostream>
using namespace std;
void swap(int *p1, int *p2)
{
   int temp;
   temp=*p1;
   *p1=*p2;
   *p2=temp;
}
int main()
{
   int a[2], *p;
   cin>>a[0]>>a[1];
   p=&a[0];
   swap(p, p+1);
   cout << *(p+1) << endl;
   return 0;
}
```

输入：10　20

输出：＿＿＿＿＿＿＿＿＿＿

3.完善程序。

风之巅小学每学年都要对语、数、英、科四门学科进行期末测试，请编一程序帮助尼克算总分。

```
#include <iostream>
using namespace std;
```

```cpp
int main()
{
  int a[4], i, sum, _____;
  sum=0;
  for(i=0; i<4; i++)
    cin>>a[i];
  for(p=a; p<(a+4); p++)
    _____;
  cout << sum << endl;
  return 0;
}
```

第82课 编程是一门艺术
——类与对象

类是 C++ 中十分重要的概念，是实现面向对象程序设计的基础，C++ 最初被称为"带类的 C"。在 C++ 中用 class 来声明类，用类名来定义对象。

这是一个运用类来输出"编程小艺术家"姓名、年龄的程序，让我们来学一学吧。

```cpp
#include <iostream>
using namespace std;
class artist          //用 class 来声明类，类名为 artist
{
  private: //声明私有的数据和成员函数
    string name;      //只能在本类中的成员函数引用，类外不能调用
    int age;
  public:             //声明公用的数据和成员函数，本类和类外都能调用
    void set(string studname, int studage)          //公用成员函数
    {
      name=studname;
      age=studage;
    }
    void display() //公用成员函数
    {
      cout << " 编程是一门艺术 " << endl;
      cout << " 小艺术家的姓名 : " << name << endl;
      cout << " 小艺术家的年龄 : " << age << endl;
      cout << "------------" << endl;
    }
};                //注意，这里有分号
int main()
{
```

```
    artist stud1, stud2;              // 定义了 artist 类的两个对象 stud1, stud2
    stud1.set("nike", 11);
    stud1.display();
    stud2.set("glair", 12);
    stud2.display();
    return 0;
}
```

运行结果：

```
编程是一门艺术
小艺术家的姓名：nike
小艺术家的年龄：11
——————————
编程是一门艺术
小艺术家的姓名：glair
小艺术家的年龄：12
——————————
```

类 artist 有两个对象 stud1 和 stud2，同时在类 artist 中定义了私有数据成员 name 和 age，公用成员函数 set() 和 display()。类是对象的抽象，而对象是类的具体实例。

编写程序需要灵感和技巧，就像诗人写诗，画家作画，音乐家作曲，充满了乐趣与挑战。

人性化的程序如流传千古的名诗意味隽永、回味无穷。

智能化的程序如巧夺天工的建筑，美轮美奂、匠心独具。

编程是一门艺术，一个程序就是一件艺术品，而程序员正是完成这些艺术创作的艺术家。同学们，只要潜心钻研、细心感悟，你一定能在这个艺术天地里创造无限的可能。

📖 英汉小词典

class [klɑ:s] 类

private ['praɪvɪt] 私有的

public ['pʌblɪk] 公有的；公用的

❓ 动动脑

1.C++ 语言是从早期的 C 语言逐渐发展演变而来的，与 C 语言相比，它在求解问题方法上进行的最大改进是（　　　）。

    A. 面向过程   B. 面向对象   C. 安全性   D. 复用性

2. 阅读程序写结果。

```cpp
#include <iostream>
using namespace std;
class student
{
  public:
    string name;
    int age;
};                    // 这里有分号
int main()
{
  student st1;
  cin>>st1.name>>st1.age;
  cout << st1.name << ' ' << st1.age << endl;
  return 0;
}
```

输入：nike 11

输出：_____

3. 完善程序。

先输入年月日，按"年 / 月 / 日"的格式输出。

```cpp
#include <iostream>
using namespace std;
class date
{
  public:
    int year, month, day;
    void display()
    {
      cout << year << '/' << month << '/' << day;
    }
};                    // 这里有分号
int main()
{
    _____ date1;
  cin>>date1.year;
  cin>>date1.month;
  cin>>date1.day;
  date1._____;
  return 0;
}
```

拓展阅读：求伯君

求伯君，金山软件股份有限公司创始人，1964 年 11 月出生于浙江省新昌县，毕业于中国人民解放军国防科技大学，有着"中国第一程序员"之称。1994 年，求伯君在珠海创立珠海金山电脑公司，任董事长兼总经理，2000 年年底担任金山公司执行董事及董事会主席，2011 年 10 月 24 日，正式退休。

在 20 世纪八九十年代，求伯君的 WPS、王永民的王码、王江民的 KV 杀毒、鲍岳桥的 UCDOS，每个都是经典的程序，其中求伯君的 WPS 是最有影响力的。

WPS 1.0 是国内第一款中文字处理软件，求伯君用了一年零四个月编写完成，它是一个用汇编语言写的程序，有 10 万字的代码。1989 年 9 月发布，没有铺天盖地的广告，没有产品发布会，完全靠用户体验口口相传，却积累下了 2000 万用户。

当年 25 岁的求伯君一夜之间成了中国 IT 行业的英雄，直到现在，求伯君依然是民族软件的一种象征。

参 考 答 案（下册）

第 4 单元

第 40 课

1. B 2. 0 4 8 12 3. sum+=i 或 sum= sum+i i+=6 或 i= i+6

第 41 课

1. A 2. 1074 3. n!=-1 sum+=n 或 sum= sum+n

第 42 课

1. B 2. 4 3. x x++ 或 ++x 或 x=x+1

第 43 课

1. B 2. 7 3. cin>>x>>y (x%n!=0)||(y%n!=0)

第 44 课

1. C 2. 4 3. sum=2020 i%2= =1 或 i%2!=0

第 45 课

1. B 2. 70 3. break i

第 46 课

1. C 2. 2 3. ans=a/b a=(a*10)%b

第 47 课

1. C 2. 25 3. sum=0 i+=5 或 i=i+5

第 48 课

1. A 2. 10001 3. cin>>n num++ 或 ++num 或 num=num+1
　　　2

第 49 课

1. C 2. 4 3. char ch num++ 或 ++num 或 num=num+1 ch=='.'

第 50 课

1. C 2. 9 3. x++ 或 ++x 或 x=x+1 x

第 51 课

1. B 2. 2046 3. time++ 或 ++time 或 time=time+1 ans

第 52 课

1. D 2. 6 3. cin>>x>>y nike++ num

第 53 课

1. A 2. 321 3. cin>>n m*=10 或 m= m*10

第 5 单元

第 54 课

1. C 2. 12345 3. i<=4 j<=5 i
　　　12345
　　　12345

第 55 课

1. A　2. A　　　3. i<=4　t++ 或 ++t 或 t=t+1　cout<<endl
　　　　　　　　　BB
　　　　　　　　　CCC

第 56 课

1. B　2. 15　3. ans++ 或 ++ans 或 ans=ans+1　break

第 57 课

1. B　2. 30　3.sumn=1　sum+=sumn 或 sum= sum+sumn

第 58 课

1. C　2. 45　3. shi+bai+ge==shi*bai*ge　ans=100*bai+10*shi+ge

第 59 课

1. C　2. 70　3. s++ 或 ++s 或 s=s+1 count++ 或 ++count 或 count=count+1

第 60 课

1. C　2. 360　3. cin>>n　n/=i 或 n=n/i

第 6 单元

第 61 课

1. B　2. 9　3. min=a[0]　min

第 62 课

1. C　2. 45　3. num=0　num++　i

第 63 课

1. D　2. 4　3. i=a[0]　i!=-1
　　　　　　2
　　　　　　3
　　　　　　1

第 64 课

1. B　2. 13001　3. t=j　a[i]=a[t]　a[i]

第 65 课

1. D　2. How　3. ch1[i]!='\0'　num[k]++

第 66 课

1. C　2. 3　3. getline(cin,str1)　str2+=s 或 str2=str2+s

第 67 课

1. C　2. 4　3. a[i]=false　a[i]

第 68 课

1. B　2. 9　3. nike<=3　glair= =3

第 69 课

1. C　2. 2　3. 1　a[p]

第 70 课

1. D　2. computer language　3. cin>>n　= ='0'

第 7 单元

第 71 课

1. C   2. 1234   3. cin>>hangshu   show(a[i])

第 72 课

1. A   2. 64   3. a%i= =0   fun(a)= =3

第 73 课

1. C   2. 1   3. temp/=10 或 temp=temp/10   huiwen(i)

第 74 课

1. A   2. 20   3. prime(n)   superprime(i)

第 75 课

1. B   2. 7   3. a[j]>x   maxn(a[i],a)

第 76 课

1. C   2. 100   3. f   search(a,name)

第 77 课

1. D   2. 18   3. t=toulan(n−1)+5   t=0

第 78 课

1. C   2. 8   3. fun(n)   fun(n/10)

第 79 课

1. B   2. 6   3. return a   gcd(a,b)

第 8 单元

第 80 课

1. B   2. B   3. &i   *p 或 i

第 81 课

1. B   2. 10   3. *p   sum+=*p 或 sum= sum+(*p)

第 82 课

1. B   2. nike 11   3. date   display()

参 考 文 献

[1] 谭浩强 . C++ 程序设计 [M]. 3 版 . 北京：清华大学出版社，2015.

[2] 吴文虎 . 全国信息学奥林匹克联赛培训教程（一）[M]. 北京：清华大学出版社，2004.

[3] 张文双 . 数据结构与算法设计 [M]. 北京：北京理工大学出版社，2006.

附录 A 字 符 集

ASCII 值	字符	ASCII 值	字符	ASCII 值	字符	ASCII 值	字符
32	空格	56	8	80	P	104	h
33	!	57	9	81	Q	105	i
34	"	58	:	82	R	106	j
35	#	59	;	83	S	107	k
36	$	60	<	84	T	108	l
37	%	61	=	85	U	109	m
38	&	62	>	86	V	110	n
39	'	63	?	87	W	111	o
40	(	64	@	88	X	112	p
41	)	65	A	89	Y	113	q
42	*	66	B	90	Z	114	r
43	+	67	C	91	[	115	s
44	,	68	D	92	\	116	t
45	-	69	E	93	]	117	u
46	.	70	F	94	^	118	v
47	/	71	G	95	—	119	w
48	0	72	H	96	`	120	x
49	1	73	I	97	a	121	y
50	2	74	J	98	b	122	z
51	3	75	K	99	c	123	{
52	4	76	L	100	d	124	|
53	5	77	M	101	e	125	}
54	6	78	N	102	f	126	~
55	7	79	O	103	g		

附录 B 奖励积分卡
——比特童币

使用说明：给教师使用，建议用彩纸打印，奖励优秀学员，可以换购。